少年的科创

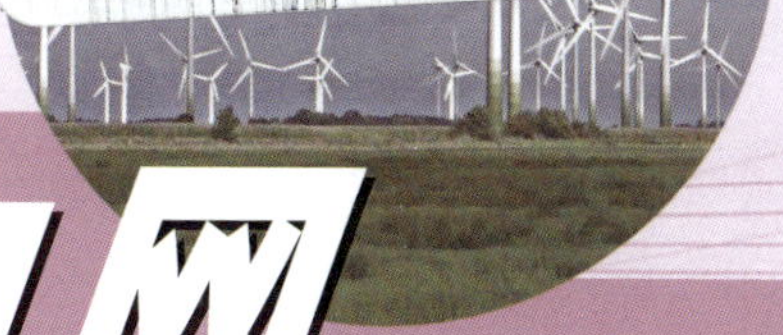

智能电网

无处不在的"电力井大网"

李琦芬　刘晓婧　杨涌文　宋丽斐　编著

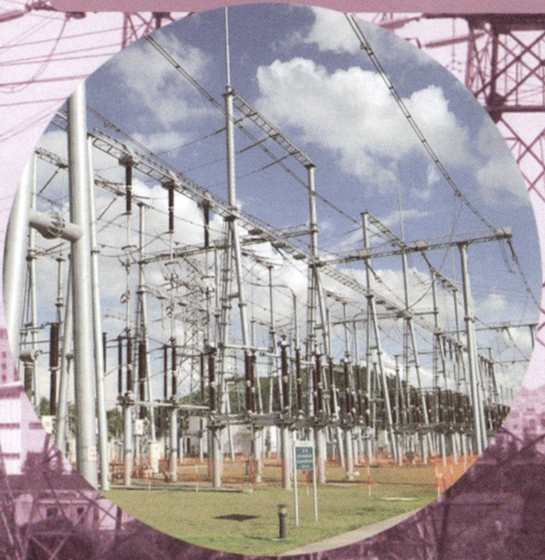

上海科学普及出版社

图书在版编目（CIP）数据

智能电网：无处不在的"电力界天网"/李琦芬等编著. —上海：上海科学普及出版社，2019.8
（少年的科创）
ISBN 978-7-5427-7586-3

Ⅰ. ①智… Ⅱ. ①李… Ⅲ. ①智能控制—电网—少年读物 Ⅳ. ① TM76-49

中国版本图书馆 CIP 数据核字（2019）第 155787 号

丛书策划　张建德
责任编辑　林晓峰

少年的科创
智能电网
——无处不在的"电力界天网"

李琦芬　刘晓婧　杨涌文　宋丽斐　编著

上海科学普及出版社出版发行
（上海中山北路 832 号　邮政编码 200070）
http://www.pspsh.com

各地新华书店经销　上海昌鑫龙印务有限公司印刷
开本 889×1194　1/32　印张 4.25　字数 90 000
2019 年 8 月第 1 版　2019 年 8 月第 1 次印刷

ISBN 978-7-5427-7586-3　定价：22.00 元

前言

2016年5月30日，习近平总书记在全国科技创新大会、两院院士大会、中国科协第九次全国代表大会上发表重要讲话时强调："我国要建设世界科技强国，关键是要建设一支规模宏大、结构合理、素质优良的创新人才队伍，激发各类人才创新活力和潜力。"科技是国家强盛之基，创新是民族进步之魂。

习近平总书记的重要讲话对于推动我国科学普及事业的发展，意义十分重大。培养大众的创新意识，让科技创新的理念根植人心，普遍提高公众的科学素养，尤其是提高青少年科学素养，显得尤为重要。《少年的科创》丛书出版的出发点就在于此。

《少年的科创》丛书介绍了我国重大科技创新领域的相关项目,所选取的科技创新题材具有中国乃至国际先进水平。读者对象定位于广大少年朋友,因此注重通俗易懂,以故事的形式,图文并茂地加以呈现。本丛书重点介绍了创新科技项目在我们日常生活中的应用,特别是给我们日常生活带来的变化和影响。期望本丛书的出版,有助于将"科创种子"播撒进少儿读者的心灵,为他们将来踏上"科技创新"之路做好铺路石,培养他们学科学、爱科学和探索新科技的兴趣,从而为"万众创新,大众创业"起到积极的推动作用。

本丛书由五册组成:《智能电网——无处不在的"电力界天网"》《3D 打印——造出万物的"魔法棒"》《干细胞——藏在身体里的器官宝库》《石墨烯——神通广大的材料明星》《人工智能——开启智能时代的聪明机器》。

目录

引言 1
- 你遇到过停电吗 2
- 电从何而来 4
- 你的家乡停电还和以前一样频繁吗 6
- 电力科学技术的发展，改变我们的未来生活 11

第1章 电力界的"天网"——智能电网 15
- 什么是"天网" 16
- "智能电网"是电力界的"天网" 17

第2章 "智能电网"在不同国家承担着不同角色 23
- 美国"天网"是大停电的终结者 24
- 欧盟"天网"是清洁能源与再生能源的接受者 26
- 日本"天网"是能源自给自足的实现者 27
- 中国"天网"是坚强可靠的节能减排实践者 29

第3章	**多样能源的"照单全收者"**	**35**
	什么是分布式能源	37
	分布式能源的主要形式	38
	分布式能源的主要特点及发展	47

第4章	**能掐会算的"快递员"**	**53**
	智能电网调度	54
	智能输电	56
	智能变电	58
	智能配电	60
	新能源与储能系统的接入	61

第5章	**贴心的"电力管家"**	**65**
	什么是智能电表	66
	"电力管家"贴心的服务	67

第6章	**大容量"充电宝"**	**71**
	可望不可得的"电能"	72
	储能技术的形式	73
	"吞吐电能"的新能源汽车	82

第 7 章　安全可靠的电力通信"互联网"　87
　　通信技术　　　　　　　　　　　　　　　　88
　　通信标准与协议　　　　　　　　　　　　　91

第 8 章　精明能干的"物业管理员"　93
　　什么是电力需求侧管理　　　　　　　　　94
　　电力需求侧管理的效果　　　　　　　　　95
　　电力需求侧管理与大数据　　　　　　　　97
　　电力需求侧管理的主要内容及调节手段　　99

第 9 章　隐身的"虚拟"电厂　103
　　为什么建"虚拟"电厂　　　　　　　　　104
　　什么是"虚拟"电厂　　　　　　　　　　105
　　"虚拟"电厂与微电网的关系　　　　　　107

第 10 章　智能电网的美好未来　109
　　人与"物"的互动对话　　　　　　　　　110
　　智慧能源"便利"生活　　　　　　　　　114
　　"智慧化"城市　　　　　　　　　　　　118

参考文献　　　　　　　　　　　　　　　　　122
后记　　　　　　　　　　　　　　　　　　　127

引　言

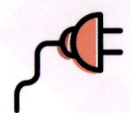

智能电网——无处不在的"电力界天网"

 你遇到过停电吗

也许大家现在很少再碰到停电。那么想象一下吧，在炎热的夏夜，你正窝在空调房内，喝着冷饮，和朋友用电脑玩一款很火的网络游戏。紧要关头，突然停电，电脑黑屏、空调停机……所有电器都停止了工作，在一片漆黑中，你摸到手机，想要打开手电筒模式，如果再发现手机电量不足，你是不是会抓狂呢？

这样的场景其实是真实存在的，尤其是在边远的乡村地区。当无预警的、长时间的、大范围的停电出现时，它的破坏性可想而知。如果是在城市中毫无预警的停电，除了会严重影响人们的生活和工作，还将带来巨大的经济损失和安全隐患。

2003年8月14日14:00，美国俄亥俄州北部地区的三根输电线就因电流负荷过大而下垂，碰触到未及时修剪的树枝，导致短路。随着各种不合时宜的连锁反应持续发生，美国8个州和加拿大两个省，总共5000万人失去了电力供应，工作和生活受到了严重的影响。停电的代价非常昂贵，美林公司首席经济专家戴维·罗森堡说，这次停电对美国国内生产总值带来的经济损失估计在每天250亿~300亿美元之间。

此外，停电造成整个交通系统陷入全面瘫痪，成千上万的纽约市民一大早外出上班显得有些手足无措，街头景象忙乱不堪。停电造成地铁列车停在隧道中，成千上万乘客被困在漆黑的地铁隧道里。美国纽约、底特律、克利夫兰的各大机场许多航班被取消，大批旅客滞留机场。

位于曼哈顿岛东部的联合国总部大楼电力和通信完全中断，多项重要会议不得不推迟。电梯救援行动多达800次，紧急求救电话近8万次，急诊医疗服务求助电话也达创纪录的5000次。

停电期间，工厂停产，银行歇业，商店摸黑经营，信息传输中断。饭店、超市以及其他经营易变质食品的行业损失高达8亿美元。美国三大汽车制造商的54座工厂的流水线停产。据硅谷地区Larry Owens电力公司估计，一次停电事故使Sun Microsystems公司每分钟损失100万美元。据惠普公司估计，一次20分钟的停电事故导致一家电路制造工厂损失3000万美元。同时，遭遇断电的美国密歇根州和俄亥俄州部分地区面临缺水威胁等。

此次停电持续29个多小时，北美大部分停电地区才基本上恢复了电力供应。这次北美历史上发生过的最大停电

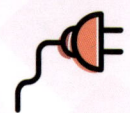

智能电网——无处不在的"电力界天网"

事故造成的损失堪比"9·11"事件。

 电从何而来

我们日常活动中用到的电器之所以能正常运作,是因为电能给了它们动力。而电能是经过漫长旅途,跨过层层关卡、迈过艰难险阻来到我们的身边。小E是电能大家族的一分子,让我们来看看它和它朋友们的工作之旅吧。

小E出身于传统大家庭——火力发电厂,它们的"食物"(能量来源)是煤炭燃烧产生的热能。小E成年后要去工作,工作的时候遇到了来自"五湖四海"的朋友们,这些朋友有的来自风电厂(以风能为"食"),有的来自太阳能光伏发电厂(以太阳能为"食"),有的来自水力发电厂(以"江海湖泊"的水能为"食"),有的来自核电厂(以核能为"食")等。大家虽然来自不同大家庭,但是相处很融洽。

大家从各自的家里出发沿着已铺好的道路(电网)共同来到升压变电所,在这里电能电压将被升高,以便将电能送得更远。通过电网传输到达目的地后,会先到降压变电站,以便将电能的电压降低到家庭、工厂和大型商场所

引 言

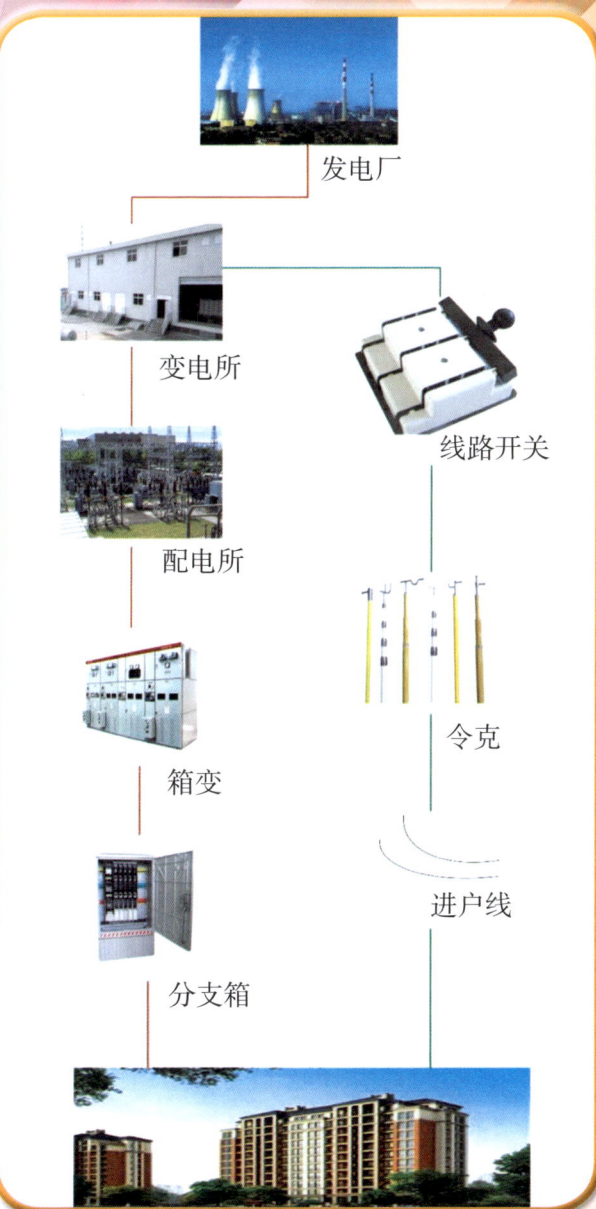

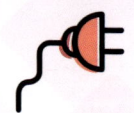

智能电网——无处不在的"电力界天网"

使用的电压,再被输送到配电所,然后小 E 和它的朋友们将被分配到不同用户努力"工作",保障各种电器的正常运行。

所以,电能的产生来自多个环节,概括起来为"发、输、变、配、用"。发电,由发电厂完成;输电,靠的是电网输送电能;变电,则是指通过变电站改变电能电压;配电,通过配电所实现电能分配;用电,我们每个人都是电能用户端。这整个过程构成了电力系统,也就是我们日常活动所用电的来源。

你的家乡停电还和以前一样频繁吗

晚饭后,小智陪着奶奶和爸爸在聊天。望着窗外缤纷绚丽的霓虹灯和小区广场隐约传来的音乐声,64 岁的奶奶感慨道:"现在的日子果真和以往大不相同了,还记得我小时候……"

奶奶小时候生活在信息闭塞、条件落后的乡下,整个村子上只有村委会里有一盏电灯,还由于电压不稳,经常忽明忽暗。后来随着电灯的普及,家家户户都把煤油灯换成了电灯,虽然电灯的普及让大家晚上的生活丰富了,可

引 言

频繁停电却造成了较大的困扰。

奶奶感慨地说:"停电在以前是经常出现的事情。现在大家一刻也离不开电了,停了电,那真是寸步难行了。"

小贴士

从19世纪末至20世纪50年代,第一代电力系统以小机组低电压电网为主,这也决定了电力的输送必须是近距离的,否则就会由于线损太大而无法传输电能。但当时的电力线路没有可控设备,电网的调度主要是根据用电负荷变化相应调整电厂的发电机出力,以保证电网的频率和电压稳定。调度中心需要收集和分析电厂、输电线路、用电负荷的运行数据,从而判断电网的运行状态。因此,一旦判断出现误差,就会有停电隐患。

爸爸的感慨则是:他小时候,遇上雷雨天气,奶奶总让他带着火柴、蜡烛去上学。因为教室采光不好,一停电,不点蜡烛什么都看不清。

小贴士

从20世纪50年代至20世纪末,第二代电力系统电网的负荷结构从仅仅为照明供电过渡到以发电机为主的负荷群供电,由于大容量水电厂需要

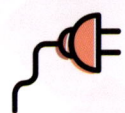 智能电网——无处不在的"电力界天网"

建设在具有较大落差的河流之上，而大容量的汽轮机电厂则要建造在煤矿附近，通常此类水、火电厂往往距离负荷中心较远，电能须通过远距离输电线路送到负荷中心。由于输电容量的增大和输电距离的增加，输电线路的电压等级需要不断提高，以减小线路上的电能损耗。因此，高压远距离的输电，低压配电网逐渐形成。电厂将电能通过高压输电线送到建造在位于城市的中心变电站，降压后，再通过低压配电线将电能直接输送到用户。变电站一般建在户外空旷的地方，又多为金属材质，不做好防雷措施，在雷雨天极易遭受雷击事故，导致大面积的停电。因此这种供电形式在雷雨天气，面临巨大的停电风险。

相比而言，我们这一代孩子好像是最幸福的，几乎没有碰到过停电事故。平时收到小区电路检修的通知，也很快结束，对我们的生活没有很严重的影响。在今天，似乎手机没电又找不到充电宝的事更常发生。随着技术的发展，电给我们的生活带来越来越大的方便，同时，我们对电依赖也越来越大。

  小贴士

与前两代电网不同的是，智能电网建立了双向互动的服务模式，用户可以实时了解供电能力、电能质量、电价状况和停电信息，合理安排电器

引 言

使用；电力企业也可以获取用户的详细用电信息，为其提供更多的增值服务。现代信息技术、传感器技术、自动控制技术与电网基础设施有机融合，可获取电网的全景信息，及时发现发生的故障和预见可能发生的故障。故障发生时，电网可以快速隔离故障，实现自我恢复，从而避免大面积停电的发生。

为应对与日俱增的能源危机与环境问题，从21世纪初开始，第三代电力系统迫切要求发展先进的电网技术，加大对新能源的利用，从而形成以大规模可再生能源为主、化石能源为辅的格局。那么未来我们的生活方式将会发生怎样的改变呢？

三代电网的特点

项目	第一代电网	第二代电网	第三代电网
电源结构及单机容量	机组容量不超过10万~20万千瓦	化石能源为主的电源结构，大机组容量达到30万~100万千瓦	清洁能源发电占较大比例，大型骨干电源与分布式电源相结合
输电电压及输电方式	220千伏级及以下输电及配电	330千伏级及以上超高压交流、直流输电，主要是架空输电方式	大容量、低损耗、环境友好的输电方式（特高压、超导、气体绝缘管道等）

智能电网——无处不在的"电力界天网"

续表

项目	第一代电网	第二代电网	第三代电网
电网规模及结构模式	城市电网,孤立电网和小型电网	分层分区结构的大型互联电网	主干输电网与地方电网、微电网相配合
保护和控制系统	简单保护及控制	快速保护和优化控制;输变电设备故障的快速切除	智能的电网控制、保护系统;输变电设备和网络自愈
调度方式	经济型调度	分析型调度,适应负荷变化的电源侧能量管理系统	智能型调度,适应可再生能源电力变化和负荷变化的综合能量管理系统
用电方式	被动型用电	被动型用电,单一的电力服务	主动型用电,用户广泛参与电网调节;向用户提供能源和信息综合服务
效率	电厂能耗率、电损率高	发电和电网效率较高	采用经济高效的清洁能源发电设备及新型输配电技术和装备,发电和电网效率大幅提升
对环境的影响	电厂污染排放严重	常规污染排放(SO_x、NO_x等)基本解决,但以化石能源发电为主,碳排放量大	化石能源消耗大幅降低,碳排放大幅降低

引 言

续表

项目	第一代电网	第二代电网	第三代电网
安全可靠性	电网安全和供电可靠性低	电网安全和供电可靠性大幅提高，但大电网事故风险依然存在	供电可靠性大幅提高，基本排除用户的意外停电风险
经济性和资源优化配置能力	小机组、小电网经济性差，资源优化配置能力差	充分利用大机组大电网的规模经济性，大范围的资源优化配置能力	大型集中式和分布式清洁电力相结合，基于先进传感、通信、控制、计算等实现资源智能优化配置
管理模式	粗放的经济管理	发、输、配垂直集中管理，后期引入电力市场机制	市场化的管理模式，充分调动电网、用户参与各方的积极性

电力科学技术的发展，改变我们的未来生活

想象一下这样的场景：

清晨起床的时间一到，窗帘自动打开，阳光温柔地唤醒沉睡的你。在你洗漱的间隙，厨具自动回热昨晚谷值电价时做好的早饭；吃早餐时，你可以根据手机上推送的交

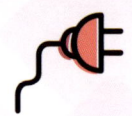
智能电网——无处不在的"电力界天网"

通状况,选择最佳的上班路线;通过智能终端要求新能源汽车自动开至楼下指定位置,下楼即开车上班。

上班的路上,智能终端将自动提醒你离公司最近、空置的充电桩并可预约,同时,你可以通过手机APP远程设置好办公室内灯光、温度、湿度和办公设备,进入办公室时已是你预设的理想状态。

你坐在办公室休息的间隙,通过屏幕查看实时电价,在较低电价下点下鼠标,就可以遥控家里电器设备,你还可以设置某个电价下启动家里电器设备——洗衣机开始洗衣、电饭煲开始做饭、空调提前开启。回到家不仅温度和湿度舒适,还可以马上吃到香喷喷的饭菜,电视自动调整到你喜欢的频道,冰箱也会提示你最喜欢的饮料缺货需要尽快补充。在你吃饭的时候,浴室会根据你提前选择好的模式进行调节,有你喜欢的薰衣草气息,舒缓的音乐,温馨的灯光,浴缸水温恒定。泡完澡,换上洗衣机里烘干过的柔软的衣服,卧室也已经提前调节好睡眠模式的灯光、温度和湿度,在你入睡前,可以设置某一个时段的电价下为自己的爱车自动充电。

一天的用能情况、耗能情况、家里富余能源售电收益信息都将通过屏幕(手机APP、电脑客户端或官网)展现在你眼前。通过电脑、手机APP等兼容设备与电网公司实

引言

时互动,不仅可以迅速查询家庭电力消耗情况,以及家庭太阳能光伏发电系统、蓄电池、热电联供等家庭发电能源的发电时间、发电量等数据,还可以实时获得电力公司根据家庭用电和发电情况、电网公司的实时电价以及电价预测情况给出的最优化家庭用电方案和输电方案。

你开车去超市,会有专门的服务设备帮你把爱车停在指定的停车位,并给你一张停车卡;在超市里,佩戴智能眼镜快速精确找到你所需购买的物品;推着满载的购物车通过感应器,购物账单自行打印,不需逐一扫描条码;采购完毕,再也不用记车位号、一辆车一辆车地寻找你的爱车,只需要刷一下你的停车卡,它将自动在超市门口等你。

在图书馆里,把借阅的所有书籍放在指定设备前,即可完成借还书全部流程;需去政府部门办理业务,无需排队等候,直接网上预约所有流程,节时省力……

这些场景现在看来似乎有点不可思议,但是随着科学技术的进步,基于智能电网功能的完善,都会逐渐实现。

那么智能电网是如何做到的呢?一起来看看吧!

第 1 章

电力界的"天网"
——智能电网

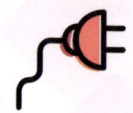

智能电网——无处不在的"电力界天网"

 什么是"天网"

天网（Skynet），源自电影《终结者》里一个人类于20世纪后期创造的以计算机为基础的人工智能防御系统，其最初是用于研究军事发展的，后其自我意识觉醒，视全人类为威胁，以诱发核弹攻击为起步发动了将整个人类置于灭绝边缘的审判日。因此，天网常常和机器人终结世界联想在一起。

但从另一方面而言，《终结者》里的"天网"作为具有自我觉醒意识的、智慧的全方位监控系统，其智慧化、强自愈性等特征也是未来各种"网""系统"的发展趋势。比如在公共安全设施建设方面——我国现阶段的"天网监控系统"，其利用设置在大街小巷的大量摄像头组成监控网

第一章 电力界的"天网"——智能电网

络实施24小时监控，以有效消除治安隐患，是公安机关打击街面犯罪的法宝、城市治安的坚强后盾。随着人工智能技术的不断进步，"天网监控系统"也将向更加智慧化发展。在本书中所提"天网"是指智慧化的全方位监测控制系统，而现阶段的"天网"以智能化为主要特征。"天网"根据不同的监测控制对象，分为不同成员，如电力系统的"智能电网"。

 "智能电网"是电力界的"天网"

在电力界，实现对电力行业全链条（发—输—配—用）的全方位智能监测管控是其未来发展的要求，由此，现阶段的"智能电网"由于"智能化、互动性、自愈性"等的特征，成为"天网"的电力界成员。

什么是智能电网

通过信息化手段，使能源资源开发、转换（发电）、输电、配电、供电、售电及用电的电网系统的各个环节，进行智能交流，实现精确供电、互补供电、提高能源利用率、供电安全，节省用电成本的目标。这样的电力网络，称为智能电网。

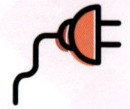

智能电网——无处不在的"电力界天网"

<<<<<<<<<<<<<<<<<<<<<<<<<<<<<<<<<<<<<<<<<

智能电网拥有与"天网"相似的特征

1. "能源接受能力"升级

相较于传统电网，智能电网除可以接受各种稳定能源（如火电等）的发电入网外，还可以接受波动性较强的可再生能源（如风能、太阳能等）的发电入网。

小贴士

可再生能源（如太阳能、风能等）的使用不会对环境造成污染。但大规模引入可再生能源将给电网带来不小的压力，由于可再生能源的供给不稳定，对于供给侧来说，有的火力电厂不得不进行调峰，这大大提高了供电成本，反反复复地启停机对设备造成不良影响；对输配侧来说，造成的影响同样也不可忽视，忽高忽低的电力输送时刻考验着电网的坚强可靠性，如同一根放水的水管，水流流量的突然增大或减小，都会对水管壁产生疲劳损伤，减少水管的使用寿命；对于需求侧来说，不稳定的供电会对使用电器造成恶劣影响，如电压不稳定等。因此，智能电网接受可再生能源发电入网是"能力升级"。

2. 智能化

智能电网在传统电网的基础上，融合电力、通信、控制、信息等先进技术，实现对能源资源开发、转换（发

第一章 电力界的"天网"——智能电网

电)、输电、配电、供电、售电及用电等各环节的智能控制、能源流和信息流的双向交流,从而实现精确供电、互补供电,提高系统能源利用率,保障供电安全,节省用电成本。

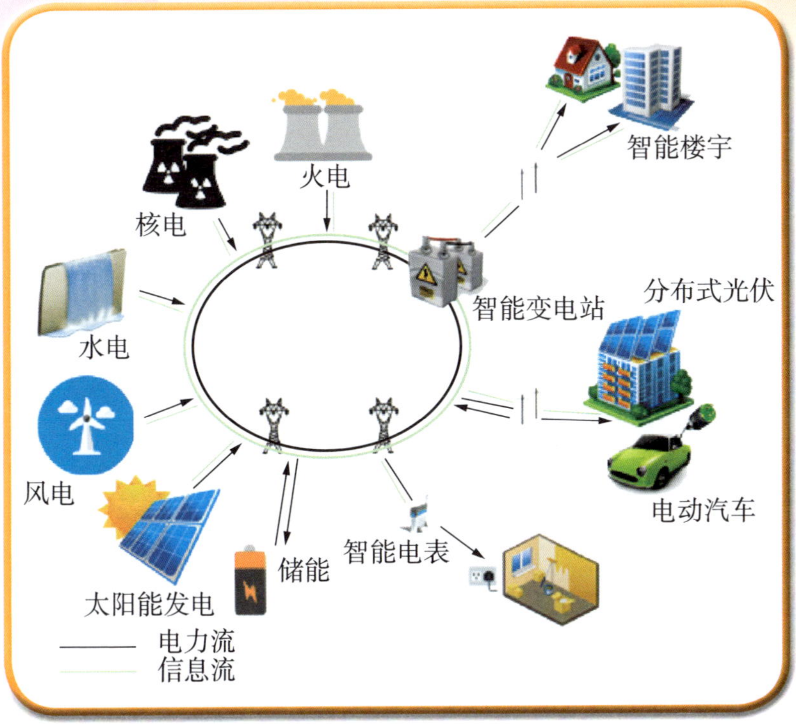

—— 电力流
—— 信息流

3. 强自愈能力

智能电网的自愈功能是指其在无需或仅需少量的人为干预的情况下,利用先进的监控手段对电网的运行状态进行连续的在线自我评估并采取预防性的控制手段及时发现、

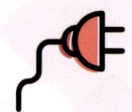
智能电网——无处不在的"电力界天网"

快速诊断、快速调整或消除故障隐患,在故障发生时能够快速隔离故障、自我恢复,不影响用户的正常供电或将影响降至最小。

智能电网可以通过对电网中变压器等器件中的传感器搜集到的数据进行分析,判断出有问题的数据,以查找电网中有问题的元件,从而将其从系统中隔离出来,在很少或不用人为干预的情况下使系统迅速恢复到正常运行状态,达到几乎不中断对用户的供电服务的目的。

4. 强抵御能力

智能电网的抵御能力主要是指抵御外部破坏的能力,外部破坏包括自然力、人为、恐怖袭击、战争等因素。主要提高以下的防御能力:

(1)抵御物理破坏的能力,当系统失去多台发电机、多台变压器或多条主要线路后,仍能维持稳定运行并向关键负荷稳定地输送电力。

(2)维护信息安全的能力,当系统的控制中心、微机保护、数据库、信息和通信系统等设备受到信息站层面的攻击时,仍能保持正常工作。

智能电网拥有的特有特征——友好

因为智能电网的智能化,其与人类更加互动友好、与环境更和谐共处,同时优化了电力系统资产资源。

（1）互动友好。电网、发电商、需求侧将会形成互动的关系；需求侧和发电商将可以互相选择，而智能电网将为其提供完成交易的信息处理平台和物理载体。

（2）环境友好。环保因素在电力调度和消费中的影响将会上升。可再生能源将是未来能源消费的主力军，同时将促进提高能源的利用效率，避免由于化石能源的大量消耗造成的严重环境污染。

（3）资产优化。由于智能电网的存在，电网系统将引入最先进的信息和监控技术优化设备和资源的使用效益，以提高单个资产的利用效率，从整体上实现网络运行和扩容的优化，降低运行成本和投资。

第 2 章
"智能电网"在不同国家承担着不同角色

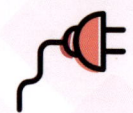

智能电网——无处不在的"电力界天网"

美国"天网"是大停电的终结者

除了在引言中介绍的 2003 年 8 月 14 日美国、加拿大停电事故之外,美国历史上还发生过多次停电事故。这些事件表明,在用户对电力供应提出越来越高的要求,国家安全、经济效益、环境保护等各方面对美国电网的建设和管理提出更高的标准时,日渐老化的美国电网并未跟上技术变革的步伐。为了解决电网存在的问题,改造老化的电力基础设施设备,提高电网的可恢复性,有效降低高峰负荷,实现更稳定可靠的电力供应,电力行业普遍公认的解决方案是建设基于全新技术和架构的电网——智能电网。智能电网的应用可以实现自动定位、隔离错误,从而减少故障,动态地优化电压和无功功率,提高用电效率、监测并指导维修。

美国历史上的停电事故

时间	起因	影　响
1965 年 11 月 9 日	电力供应系统故障	美国 7 个州的 20 万平方千米地区的工业生产停顿、交通瘫痪、商业活动中止,4000 万人口的正常生活受到了严重影响

第2章 "智能电网"在不同国家承担着不同角色

续表

时间	起因	影响
1996年7月2日	输电线路发生故障	美国西部15个州和加拿大及墨西哥的部分地区断电,大约200万人的工作和生活受到影响
1996年8月10日	电力供应系统故障	美国西部9个州的空中和地面交通陷入混乱,许多工厂被迫停产,数百万人的正常生活受到严重影响
1998年1月	气候反常导致输电线路故障	美国缅因州中部、纽约州北部以及新罕布什尔州受到影响

此外,为有效获取用户用电信息、有效提高电力系统的运作效率,美国积极推进电力用户安装智能电表。截至2016年,美国电力用户安装的智能电表的数目达1330万只;在非居民的电力用户中,到2020年智能电表的普及率将超过70%。通过实证研究表明,在消费者对自己的耗电数据有清晰和实时了解的情况下,会促使减少5%~10%的电力消费。以此为依据,智能电网的普及平均将为每一居民用户每年节省大约600美元的电费。

智能电网——无处不在的"电力界天网"

 欧盟"天网"是清洁能源与再生能源的接受者

欧洲的化石能源（如石油、煤等）有限，经济发展水平较高，能源需求大，对环境保护极度重视，更为关注清洁能源与可再生能源（如太阳能、风能、生物质能等）的利用。但由于清洁能源与可再生能源本身的不确定性（随天气变化而变化，波动性较强），其发电输出并不稳定，很容易使欧洲国家错误估计清洁能源与可再生能源的发电量，严重时会导致停电事故。与此同时，由于欧洲区域由多国构成，其能源供需不均、能源分配不匹配等问题较为明显，这也给电网安全性带来了极大的挑战。基于以上问题，欧洲推进了智能电网的发展，其目标是支撑可再生能源以及分布式能源的灵活接入，以及向用户提供双向互动的信息交流等功能。

2005年，欧洲提出智能电网计划（Super Smart Grid），译为"超级智能电网"，计划在2020年实现清洁能源及可再生能源占其能源总消费20%的目标，并完成欧洲电网互通整合等核心变革内容。

第2章 "智能电网"在不同国家承担着不同角色

 日本"天网"是能源自给自足的实现者

日本国土面积小、自然资源贫乏，国内能源供应种类有限、数量偏少，常年来，其能源自给率低于25%，不能满足国内生产需要，因此必须大量进口一次能源。同时，身处环太平洋地震带的日本国土时时刻刻都处在风雨中飘摇，灾害（如台风、暴风雪等）频发，这也给日本造成了难以挽回的损失，尤其是随之而来的能源供应成本增加带来的经济损失。如至今让人心有余悸的"3·11"东日本大地震造成日本福岛第一核电站1号至4号机组发生核泄漏事故，核电机组停运，日本国内电价随之明显上涨。

因此，为确保国家能源安全、减少二氧化碳排放，日本制定新政策，期望通过节能和加快引入可再生能源，有效降低对于社会基础电力支撑的核电的依赖度。而为了大规模利用、消纳可再生能源，日本同样将目光转向智能电网，以提高电力使用效率，保持供需平衡，保证安全稳定供电。

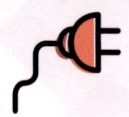

智能电网——无处不在的"电力界天网"

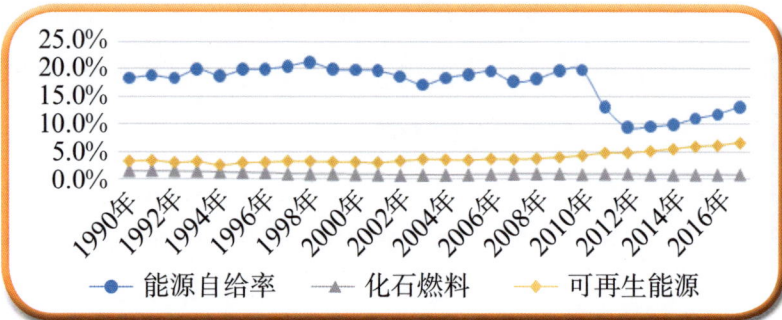

2009年7月，日本全面开发"日本版智能电网"。日本经济产业省（METI）积极引导日本企业参与国内外的智能电网建设。METI与美国新墨西哥州签订了合作协议，参与该州智能电网示范工程的投资与建设。同时，由九州电力公司和冲绳电力公司在10个独立的岛屿上建设示范项目，进行大规模的构建智能电网试验。预计在2030年，日本全部普及智能电网，并全力推动在海外建设智能电网。

第2章 "智能电网"在不同国家承担着不同角色

 中国"天网"是坚强可靠的节能减排实践者

当今全球环境问题、能源安全问题日益显现。为解决环境和能源安全问题，中国政府提出推进能源生产和消费革命，以可再生能源逐步替代化石能源，实现可再生能源等清洁能源在一次能源生产和消费中占更大份额，推动能源转型，建设清洁低碳、安全高效的新一代能源系统。坚强可靠中国智能电网将可以解决以下问题：

1. 大规模可再生能源发电入网

近年来，光伏与风电的发展可谓是一日千里，各个大型风电厂、光伏电厂相继投运。截至2016年6月底，中国风电并网容量达到1.37亿千瓦，太阳能发电并网容量达到6304万千瓦。

尤其在大力开发可再生能源的今天，中国政府在东北、西北、华北及沿海地区建设了大规模的风电基地，在太阳能资源丰富的西藏、新疆和内蒙古等西北部地区建设了相应的光伏发电基地。可是由于当地负荷低，如何消纳这些清洁能源成了一个大难题，大规模可再生能源发电在

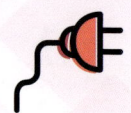 智能电网——无处不在的"电力界天网"

投运中也遇到了很多困难,表现最明显的就是人们时常听到的"弃风""弃光"现象,对于此现象,相关专家认为,最大的原因还是电网建设速度跟不上清洁能源发展的速度。

 小贴士

弃风,是指在风电发展初期,风机处于正常情况下,由于当地电网接纳能力不足、风电场建设工期不匹配和风电不稳定等自身特点导致的部分风电场风机暂停的现象。

弃光,放弃光伏所发电力,一般指的是不允许光伏系统并网,因为光伏系统所发电力功率受环境的影响而处于不断变化之中,不是稳定的电源,电网经营单位以此为由拒绝光伏系统的电网接入。

例如:2016年前三季度,全国风电平均利用小时数1 251小时,同比下降66小时;风电弃风电量394.7亿千瓦时,平均弃风率19%。

2. 跨省区能源资源配置

我国能源资源与消费需求呈逆向分布,80%以上的煤炭、水能、风能和太阳能资源分布在西北部地区,70%以上的电力消费集中在中东部地区,能源基地距离负荷中心1000~4000千米。因此,能源大规模输送是国家必需的战

第2章 "智能电网"在不同国家承担着不同角色

略选择，如"西电东送""西气东输""北煤南运"已成为常态且发挥着重大的作用。

由此可见，要满足未来持续增长的电力需求，从根本上解决弃风、弃光等问题，以及跨省区能源资源优化配置的问题，实施电力的大规模、远距离、高效率输送，发展智能电网势在必行。

中国智能电网的主要驱动力和利益在于：加大可再生能源的利用和应对节能减排压力。中国智能电网的发展目标是：从输配侧打开突破口，建设以特高压电网为骨干网架、各级电网协调发展的坚强电网为基础，发展以信息化、数字化、自动化、互动化为特征的自主创新、国际领先的坚强智能电网。

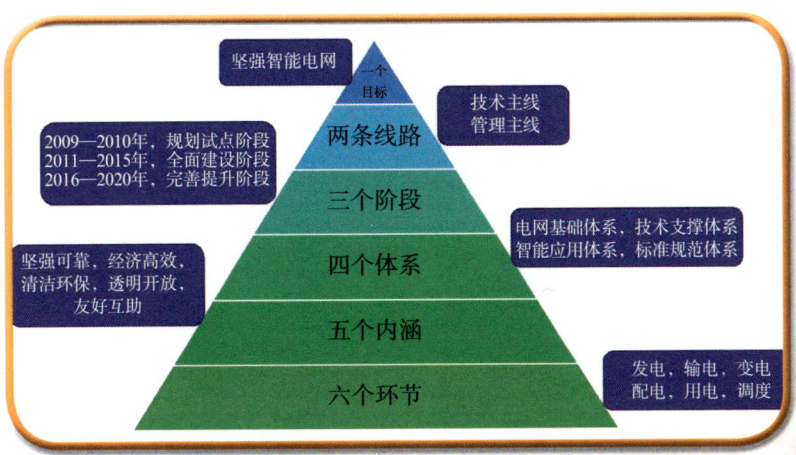

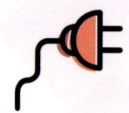

智能电网——无处不在的"电力界天网"

坚强智能电网

时间	2009 年 5 月提出，7 月确定发展战略	
缘由	国家电网公司在"特高压输电技术国际会议"上提出建设"坚强智能电网"	
定义	以坚强网架为基础，以通信信息平台为支撑，以智能控制为手段，包括电力系统发电、线路、变电、配电、用电和调度的各个环节，覆盖所有电压等级，实现电力流、信息流、业务流的高度一体化融合，是坚强可靠、经济高效、清洁环保、透明开放、友好互动的现代化坚强智能电网	
三个阶段	规划试点阶段（2009~2010 年）	重点开展智能电网的发展规划工作，制定技术和管理标准，开展关键技术研究和设备的研制，开展各环节的试点工作；8 月启动了第一批试点项目，涉及发电、输电、变电、配电、用电、调度 6 个环节，包括上海世博园智能电网综合示范工程、张家口风光储联合示范工程、常规电源厂网协调示范工程等共 9 个项目
	全面建设阶段（2011~2015 年）	加快特高压电网和城乡配电网的全面建设，初步形成智能电网运行控制和互动服务体系，关键技术和装备实现重大突破和广泛应用；启动第二批试点工程（12 个），包括中新天津生态城智能电网示范工程、大规模风电功率预测及运行控制等，覆盖了电网各环节及通信信息平台

续表

完善提升阶段 （2016~2020年）	全面建成统一的坚强智能电网，技术和装备全面达到国际先进水平。电网优化配置资源能力大大提升，清洁能源装机比例达到35%，分布式电源实现"即插即用"，智能电表实现普及应用

2009年以来，国家电网公司全面启动了坚强智能电网的研究和实践工作，涵盖了发电、输电、变电、配电、用电、调度六大环节和通信信息平台，通过智能电网试点及推广建设，取得了重要成果。

智能电网建设推广重要成果

1	先后建成3个世界上电压最高、容量最大的特高压交、直流工程，已累计送电超过800亿千瓦·时
2	取得多项大规模新能源发电并网关键技术的研究成果，支撑了新能源的开发、消纳和行业发展。经营区域内并网风电装机已超过6000万千瓦
3	一批智能输电技术得到广泛应用，实现了输电业务的精益化管理和电网安全运行决策。已在15个省完成了输变电设备状态监测系统部署
4	开展了两代智能变电站的持续实践。在两批共74座试点工程的基础上进一步升级原有智能变电站技术方案，大幅优化主接线及平面布局，构建一体化业务系统并深化高级应用功能。已新建并投运智能变电站500多座，研制成功多项关键设备并得到规模应用；6个110千伏和220千伏电压等级新一代智能变电站示范工程技术方案已得到实践验证，2013年底投运

续表

5	配电自动化加速推广应用,在配电网自愈控制等方面取得进展,在 64 个城市核心区建设配电自动化系统,提升了配电网的智能化运行水平
6	累计实现 1.55 亿户用电信息采集,构建了大规模的 AMI 系统,支撑了智能用电服务的提升
7	电动汽车充换电服务网络建设全面推进,在 26 个省区建成投运了电动汽车充换电站 360 座、充电桩 15333 个,带动了电动汽车相关产业的快速发展
8	智能电网调度技术支持系统全面推广应用,建成投运了 31 个省级以上的智能电网调度技术支持系统,提升了大电网安全运行水平

第 3 章

多样能源的"照单全收者"

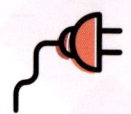

智能电网——无处不在的"电力界天网"

自然能源是自然界所存在或具有的能源,是自然资源的一部分。主要有煤、石油、天然气、太阳能、风能、水能、地热能等。这些能源经过一定的加工和转换而为人们提供所需的能量,如煤气、电力、焦炭、蒸汽、沼气、氢能等。

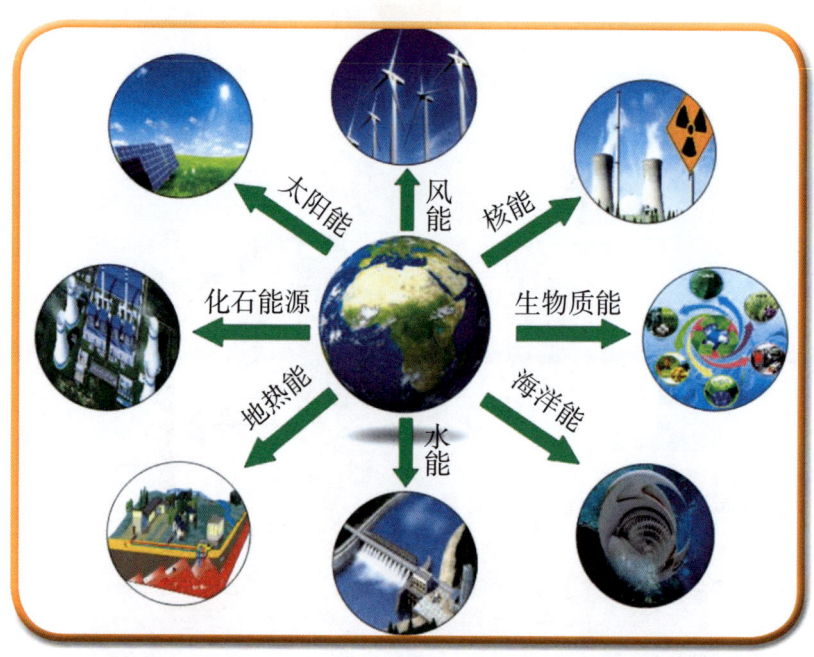

目前传统电网中,依然是使用化石燃料(煤、油、天然气)为主要的发电形式。但未来的智能电网将不再依赖于化石燃料,而会"摄取"更为广泛的"食物"系列,如分布式能源。

第三章 多样能源的"照单全收者"

 什么是分布式能源

当你行走在人行道上时,是否注意到路灯上方的太阳能电板?使用热腾腾的生活用水时,你关注过太阳能热水器吗?有的热电厂冒出白蒙蒙的"烟",你认为它到底是什么?农民利用各种农作物秸秆、微生物产生甲烷的沼气利用技术,这到底是怎样的一种原理?这些太阳能发电、太阳能热水器、热电联产、沼气利用等技术,就是分布式能源的利用。

分布式能源是利用分布在用户端的小型设备向用户供暖、发电和制冷的新型能源利用方式,是具有小型发电容量的分散式电源。

小贴士

与目前广泛采用的集中式能源(即集中能源利用并统一发电供能的模式)不同的是,分布式能源最显著的特点是:直接安装在用户端,通过在现场对能源实现梯级利用,尽量减少中间输送环节的损耗,实现对资源最大化利用。

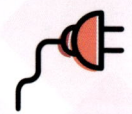

智能电网——无处不在的"电力界天网"

分布式能源的主要形式

分布式能源主要形式如图所示。

分布式能源的主要形式
燃气冷热电三联产技术
分布式可再生能源系统
分布式煤气化能源系统
分布式生物质能源系统
分布式垃圾燃料能源系统

燃气冷热电三联产

燃气冷热电三联供是分布式能源的典型形式。天然气是一种清洁原料,它的烟气中不含 SO_2,水蒸气90%以上的热量都被利用。由于在燃气轮机中30%~40%的能量直接转化为电能,一次转化效率也高于一般火电机组,再加上乏汽排气和缸套能量利用,比如加热、制冷,用于各种不同能级的用户,整个系统达到能量的梯级利用,使总能量利用效率达到最高,大约80%。所以,利用天然气作为一次能源的最高效率就是冷热电三联产的形式。

第三章 多样能源的"照单全收者"

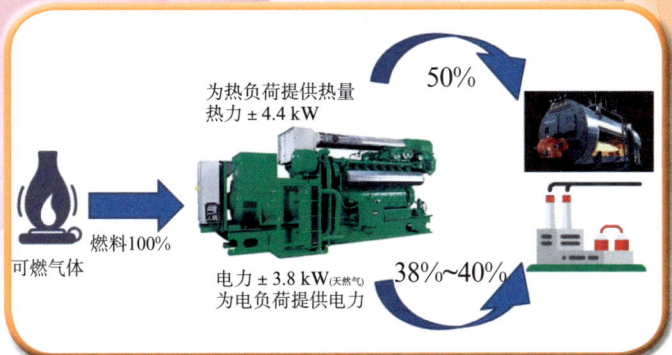

分布式可再生能源系统

分布式可再生能源系统种类很多，主要介绍常见的几类：

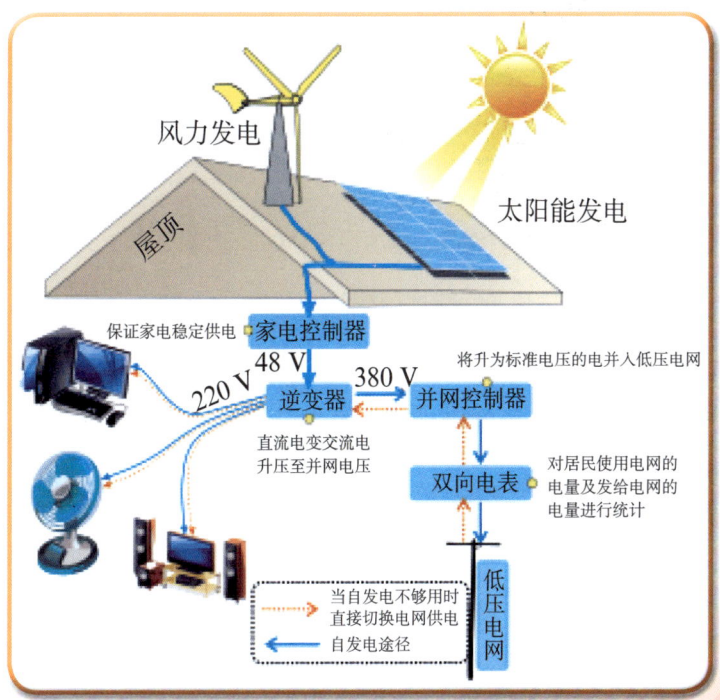

智能电网——无处不在的"电力界天网"

1. 太阳能发电

太阳能发电，是将太阳辐射出的光和热转换成电能，主要包括太阳能光伏发电和太阳能光热发电。

（1）太阳能光伏发电

太阳能光伏发电是通过太阳能光伏电板在阳光下产生直流电。

太阳能光伏电板是由薄型固体太阳能电池组合而成的，材料采用半导体物料（例如硅）。太阳能光伏电板可以制成不同大小和形状，也可进行并联、串联，以产生更多电力。简单的光伏电池可为手表或计算机提供能源，而较大的光伏发电系统可为房屋照明，并为电网供电。另外，光伏电板可应用在建筑物表面，作为窗户、天窗或遮蔽装置的一部分，这类光伏发电设施通常被称为附设于建筑物

第三章 多样能源的"照单全收者"

的光伏系统（或者称为光伏建筑一体化）。

 小贴士

截至2016年12月，中民投宁夏（盐池）新能源综合示范区电站计划建设2吉瓦（1吉瓦=1000兆瓦，1兆瓦=1000千瓦）光伏发电项目，占地累计约4000万平方米，是全球最大的单体光伏电站项目。项目建成后，年平均上网电量289419万千瓦·时，每年可节约标准煤101万吨。

（2）太阳能光热发电

光热发电即为太阳能热发电或聚光太阳能热发电，其原理是将反射镜反射的太阳光，聚焦在一条叫接收器的玻璃管上，玻璃管中有导热油流过，从反射镜中反射的太阳光会令管子内的油升温，产生蒸汽，再由蒸汽推动涡轮机发电。

 智能电网——无处不在的"电力界天网"

 小贴士

　　截至2015年12月，西班牙在运光热电站总装机容量为2300兆瓦，占全球总装机容量近一半，位居世界第一；美国第二，总装机量为1777兆瓦；两者合计光热装机超过4吉瓦，约占全球光热装机的88%。

　　截至2015年12月，中国已建成光热装机约14兆瓦，其中最大为青海中控德令哈50兆瓦太阳能热发电一期10兆瓦光热发电项目，其他项目多不足1兆瓦。

2. 风能发电

　　风能发电是利用风能推动风力机旋转，带动发电机发电。

第三章 多样能源的"照单全收者"

 小贴士

全球风电技术愈加成熟。中国高海拔区域风电技术逐渐突破，目前海上风电正得到重视，处于快速发展阶段。

以太阳能和风能为代表的可再生能源具有随机性和间歇性的特点，给其应用带来了很多挑战，如高度分散性、生产水平的不确定及高可变性、难以实时测量、预测的不稳定性等。因此，直接并网发电会引发电压、频率、功率振荡，对电网的供电质量、潮流分布等多个方面造成影响。另外，在缺乏储能技术的情况下，可再生能源并网问题将危及供需平衡及电网的系统安全。

智能电网——无处不在的"电力界天网"

小贴士

在电力工程中,"潮流"特指电网各处电压(包括幅值与相角)、有功功率、无功功率等的分布。电力系统的潮流分布,指的是电力系统在某一稳态的正常运行方式下,电力网络各节点的电压和支路功率的分布情况。

因此,太阳能、地热、风能等系统规模小、能量密度低的可再生能源采用分布式能源系统。例如,太阳能采用分布式发电系统,即在用户现场或靠近用电现场配置较小的光伏发电供电系统,将即刻满足特定用户的需求。可再生能源与常规能源互补的分布式系统促进了可再生能源利用的发展。

分布式煤气化能源系统

煤气化分布式能源系统发电是在高温条件下通过化学反应将煤或煤焦中的可燃部分转化为气体燃料即煤气,采用煤气作为燃料代替常规系统中的气体和液体燃料,提高热效率。

分布式生物质能源系统

生物质包括各种速生的能源植物及各种废弃物,是洁净的可再生能源。生物质气化或裂解产生的燃料气和高品位液体燃料可以作为清洁燃料,提供给小型或微型燃气轮机使用,发出电能。

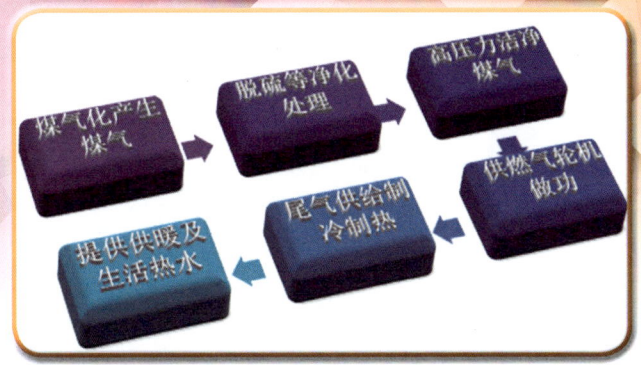

以垃圾为燃料的分布式能源系统

从生态角度看,垃圾是一种污染源,而从资源角度看,垃圾是地球上唯一正在增长的资源。通过技术处理,变垃圾直接焚烧为加工利用,从而达到简化焚烧系统、提高燃烧效率和控制污染的多重目的。因此,垃圾发电将是形成分布式能源系统的重要形式之一。

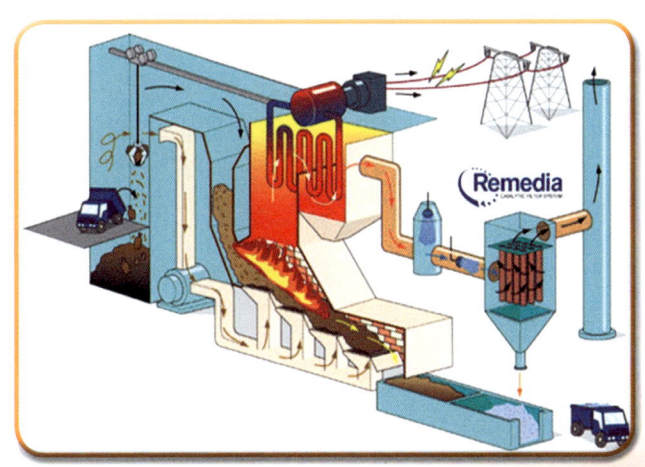

智能电网——无处不在的"电力界天网"

 小贴士

能源专家测算，2吨城市垃圾焚烧所产生的热量相当于1吨煤燃烧的能量。若我国能将垃圾分类处理并有效地用于发电，每年将节省煤炭5000万~6000万吨。

煤炭资源分布：据中国第3轮煤炭资源预测资料，全国垂深2000米以内浅煤炭资源总量为5.6万亿吨。截至2015年年底，全国煤炭保有资源量为15663亿吨，排在俄罗斯和美国之后，居世界第3位。

石油资源分布：根据第三次中国油气资源评价资料，中国石油资源量约为1072.7亿吨，探明储量205.65亿吨，可采储量127.54亿吨，其中约77.07%分布在陆上，约22.93%分布在海洋。

天然气资源分布：据新一轮油气资源评价结果，中国常规天然气资源量约为56万亿立方米.主要分布在塔里木、四川、鄂尔多斯、柴达木、松辽、东海、琼东南、莺歌海和渤海湾等。

风能资源分布：中国陆上风能资源主要集中在内蒙古的蒙东和蒙西、新疆哈密、甘肃酒泉、河北坝上、吉林西部和江苏近海7个千万千瓦级风电基地。

水能资源分布：中国水能资源主要分布在西南地区（四川、重庆、云南、贵州、西藏），约占全国的70%。

第三章 多样能源的"照单全收者"

> 生物质能资源分布：中国生物质能资源主要有农作物秸秆、畜禽粪便、工业有机废水、城市生活污水和垃圾等。农林业废弃物、能源作物等主要分布在西部、北部和西南地区，农作物秸秆、畜禽粪便、生活和工业垃圾主要分布在东部地区。
>
> 核能资源分布：中国铀矿资源丰富，第二轮勘查预测储量超过200万吨。但中国勘查程度低，已完成铀矿普查面积不到国土面积的1/3，具有良好勘探前景的500~1500米深度的地层基本没有开展勘探工作。

 **分布式能源的主要特点及发展**

分布式能源是未来世界能源技术的重要发展方向，也是智能电网供能端的重要组成部分，具有能源利用效率高、污染小、环保友好等特点。

分布式能源技术的特点

能源利用效率高	投资小，损耗低	污染小，环保友好	调整能源结构	平衡负荷峰谷差	为边远地区远电	安全性和可靠性高

 智能电网——无处不在的"电力界天网"

<<<<<<<<<<<<<<<<<<<<<<<<<<<<<<<<

1. 能源利用效率高

分布式能源改变了集中式发电和大规模传输的传统模式，减少了输送损失，并且分布式能源可用发电后工质的余热来制热制冷，因此能源得以合理的梯级利用，用户可根据自己所需来向电网输电和购电，能源的利用效率达到80%左右。

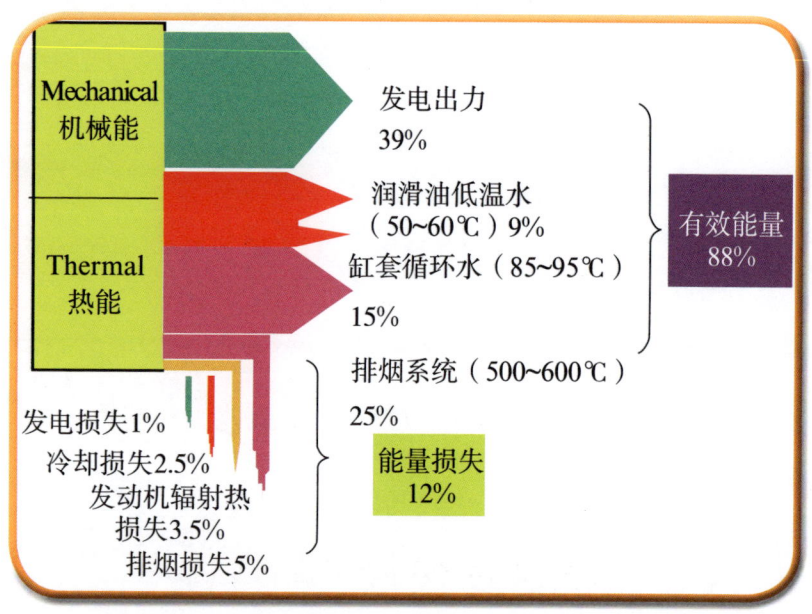

2. 投资小，损耗低

由于分布式能源投资回报的周期较短，因此投资回报率高，可降低一次性投资和成本费用；另外，靠近用户侧的安装可就近供电，因此可降低输电和配电网的能耗损失。

3. 污染小，环保友好

分布式能源系统采用天然气做燃料或以氢气、太阳能、风能等清洁能源作为动力驱动，将减少有害物的排放总量，减轻环保的压力；而大量的就近供电减少了大容量远距离高电压输电线的建设，减少了高压输电线的电磁污染；另外，由于实现了优质能源梯级合理利用，SO_2和固体废弃物排放几乎为零，温室气体CO_2排放减少50%以上，NO_x排放减少80%左右。

4. 调整能源结构

目前在我国发电量中，以煤为燃料的火力发电所占的比例约为73%；在发电装机容量中，以煤为燃料的火力发

智能电网——无处不在的"电力界天网"

电所占的比例约为66%。由此可知，我国的电力消费结构仍以燃煤为主。

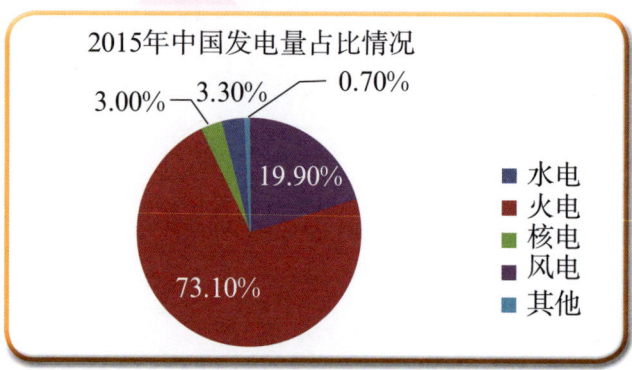

2015年中国发电量占比情况
3.00%　3.30%　0.70%
19.90%
73.10%
■ 水电
■ 火电
■ 核电
■ 风电
■ 其他

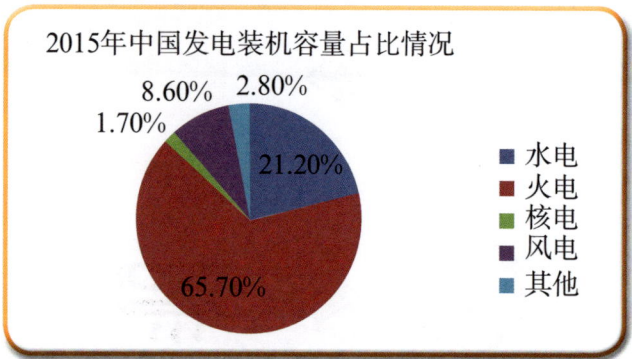

2015年中国发电装机容量占比情况
1.70%　8.60%　2.80%
21.20%
65.70%
■ 水电
■ 火电
■ 核电
■ 风电
■ 其他

对于分布式能源系统，其燃料的特点是以气体燃料为主，可再生能源为辅，充分利用各种新能源资源，包括天然气、煤层气、沼气、生物质和太阳能等。因此分布式能源系统为电力能源结构调整提供了可能性，为可再生能源利用的发展创造了条件。

5. 安全性和可靠性高

分布式能源系统发电方式灵活，在公用电网故障时，可自动与公用电网断开，独立向用户供电，提高了用户自身的用电可靠性；当所在地的用户出现故障时，可主动与公用电网断开，减小了对其他用户的影响。

6. 平衡能源负荷峰谷差

因为规模小，相比大型的传统火电厂，分布式能源系统启停更加灵活。另外，分布式能源在冬季通过对用户供暖减轻使用电取暖带来的高需求电力负荷；在夏季可以对用户供冷减轻使用空调制冷带来的高需求电力负荷。

7. 解决边远地区的供电问题

由于中国许多边远及农村地区远离大电网，因此难以从大电网向其供电，采用太阳能光伏发电、小型风力发电和生物质能发电等独立发电系统，可以解决我国边远地区或未连接电网的农村地区的用电问题。

未来，分布式供能技术将向多源化、集成化、智能化、网络化方向发展。分布式能源转换设备将进一步小型化、微型化，且其性能将稳步提升；分布式能源系统将有机整合可再生能源和传统化石能源；智能管理系统将集负荷实时预测、性能在线诊断、智能优化控制于一体；为

 智能电网——无处不在的"电力界天网"

"智能电网"的供能侧提供多样化选择，提高用电安全性，推动智能电网的发展。

 小贴士

　　2012年7月，我国首批天然气分布式能源示范项目共4个，分别是华电集团泰州医药城楼宇型分布式能源站工程、中海油天津研发产业基地分布式能源项目、北京燃气中国石油科技创新基地能源中心项目和华电集团湖北武汉创意天地分布式能源站项目，装机容量分别为4000千瓦、4358千瓦、13312千瓦和19160千瓦。

第 4 章
能掐会算的"快递员"

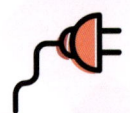 智能电网——无处不在的"电力界天网"

在现代日常生活中，我们使用着灯、电视、空调、手机、电脑等设备，时时刻刻都离不开电能。那么，是不是有个神秘的"快递员"悄悄在将电能从遥远的电厂送到我们的身边呢？它又是如何准时可靠地提供我们的用电需求呢？

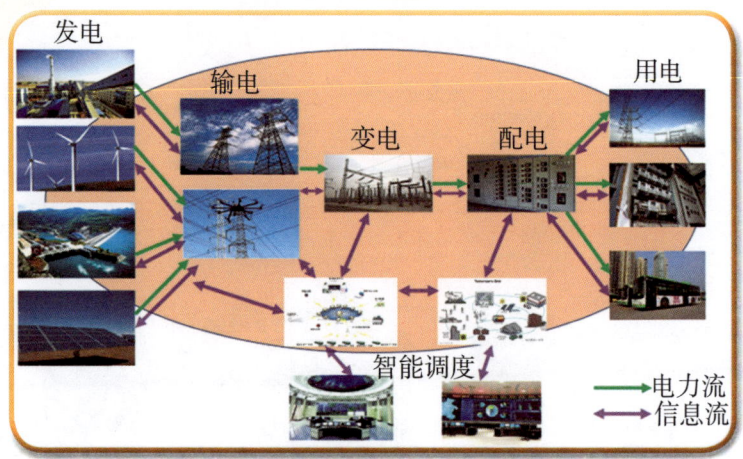

在智能电网中，的确存在着一个神秘的"快递员"，它很不简单，承担了我们在引言中讲到过的输电、变电、配电三项艰巨的任务，并且能掐会算，总能准时可靠地保障我们的用电需求。让我们一起来看看它的工作情况吧。

 智能电网调度

智能调度是智能电网的"大脑"，像人类的神经中

枢一样，是保障智能电网正常运行的基础之一。随着GIS、人工智能和高级配网等高新科技在智能电网调度中的应用，智能调度具有较高的信息化、自动化和互动化，可以实现调度生产各环节的全景监视，实现电网运行、分析结果的全面整合，数据分享和多角度可视化展示。通过电力信息资源平台以及电网调度信息共享平台，促使各区域之间对于电力的需求能力、用电数量、设施供应效率和运转现状等内容进行实施监管。同时，在对电能用户所消耗的电量以及电价及时了解的情况下，可以向电能使用者提供不同价位电能的使用方式。实现多地区、跨区域之间的智能化电力资源的调度，以达到电力能源的优化配置和电网安全经济的运行。

　　同时，智能调度具有较高的决策分析能力，保证电网运行的可靠性。智能调度拥有电网运行分析平台，在电网灾害预警、防灾减灾、新能源调度等方面应用气象信息，建立灾害防御体系，提高电网抵御自然灾害的智能化程度。同时，包含应急指挥系统以及高级的配电自动化等，电网运行中出现突发事故，电网可以在故障发生后，在短时间内自动恢复。

智能电网——无处不在的"电力界天网"

<<<<<<<<<<<<<<<<<<<<<<<<<<<<<<<<<<<<<<<<<<<<<<<<<

小贴士

地理信息系统（Geographic Information System, GIS）是一种特定的十分重要的空间信息系统。它是在计算机硬、软件系统支持下，对整个或部分地球表层（包括大气层）空间中的有关地理分布数据进行采集、储存、管理、运算、分析、显示和描述的技术系统。

 智能输电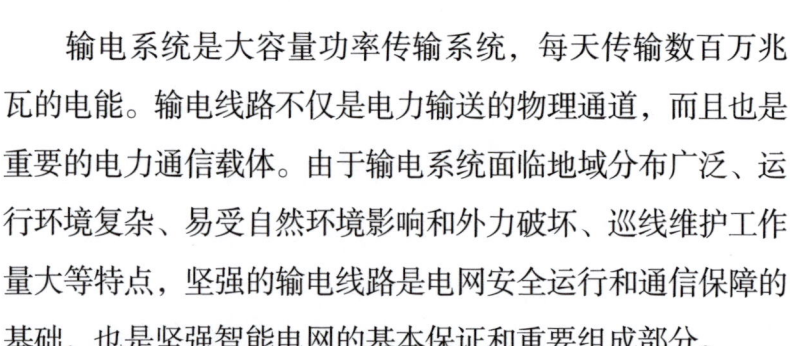

输电系统是大容量功率传输系统，每天传输数百万兆瓦的电能。输电线路不仅是电力输送的物理通道，而且也是重要的电力通信载体。由于输电系统面临地域分布广泛、运行环境复杂、易受自然环境影响和外力破坏、巡线维护工作量大等特点，坚强的输电线路是电网安全运行和通信保障的基础，也是坚强智能电网的基本保证和重要组成部分。

智能输电是以特高压电网为骨干网架、各级电网协调发展的坚强电网为基础，广泛采用柔性输电技术，提高线路输送能力。同时，通过输电设备状态监测系统，在重要

第4章 能掐会算的"快递员"

输电线路和巡检环境复杂的地区实现智能巡检，推动输电线路状态检修和全寿命周期管理，实现对特高压线路、重要输电走廊、线路大跨越、灾害多发区的环境和运行状态的集中监测和灾害预警。

智能输电应用先进的输电技术，如特高压、柔性输电、超导输电以及直流输电等，不断提升输电能力和效率，实现输电的可控、能控、在控，提高电力系统稳定运行水平。

小贴士

输电走廊：沿高压架空电力线路的导线，向两侧伸展规定宽度的线路下方带状区域。在该区域内，允许公众进入或从事基本农业及其他受限的生产活动。

特高压输电技术：是指±800千伏及以上的直流电和1000千伏及以上交流电的电压等级输送电能。其具有输送容量大、距离远、损耗低、占地省等显著优势，是一种资源节约型和环境友好型的先进输电技术。在输送同容量条件下，特高压交流输电与超高压输电相比，节省导线材料约一半，节省铁塔用材约2/3。1000千伏交流输电方案的单位输送容量综合造价约为500千伏输电的3/4。

柔性输电技术：基于现代大功率电力电子技术及信息技术的现代输电技术，可提高输配电系

智能电网——无处不在的"电力界天网"

<<<<<<<<<<<<<<<<<<<<<<<<<<<<<<<<<<<<<<<<

统的可靠性、可控性、运行性能及电能质量。柔性输电技术主要包括交流柔性和直流柔性两种技术类型。

超导输电技术：利用高密度载流能力的超导材料发展起来的新型输电技术。超导材料的载流能力可以达到100~1000安/平方毫米（大约是普通铜或铝的载流能力的50~500倍），且其传输损耗几乎为零。

2015年12月17日，世界上电压等级最高、输送容量最大的柔性直流工程——厦门±320千伏柔性直流输电科技示范工程正式投运。

 智能变电

电力系统中，向电力用户送电，为了减小输电线路上

第4章 能掐会算的"快递员"

的电能损耗及线路阻抗压降,需要将电压升高;然而为了满足电力用户安全的需要,又要将电压降低,并分配给各个用户。变电站就是电力系统中对电能的电压和电流进行变换、集中和分配的场所。

智能变电站以信息化、自动化等技术作为支撑,完成各类信息的采集,同时保护和监测变电站随时可能发生的一些问题等,根据不同的需求支持电网有效地进行在线分析、决策,协同各部分零件互动整合以及实现自动化控制。相比传统的变电站,智能变电站主要表现出如下的优势:

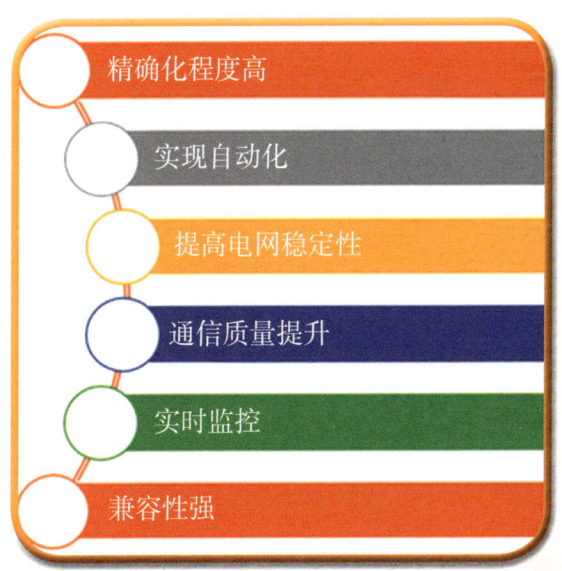

精确化程度高
实现自动化
提高电网稳定性
通信质量提升
实时监控
兼容性强

智能电网——无处不在的"电力界天网"

<<<<<<<<<<<<<<<<<<<<<<<<<<<<<<<<<<<<<<<<<<<

 智能配电 ••••••••••••••••••••••••••••••••••

配电是电力系统中直接与用户相连并向用户分配电能的环节，提高配电网的供电可靠性和供电质量，和人们生活密切相关。因此，需要采用先进的计算机技术、电力电子技术、数字系统控制技术、灵活高效的通信技术和传感器技术，实现配电网"能量流、信息流、业务流"的高度融合，构建具备集成、互动、自愈、兼容、优化等特征的智慧配电系统。

智能配电以灵活、可靠、高效的配电网网架结构和高

第4章 能抢会算的"快递员"

可靠性、高安全性的通信网络为基础，支持灵活自适应的故障处理和自愈功能，利用信息通信、高级传感和测控等技术，满足高渗透率的分布式电源和储能元件接入的要求，满足用户提高电能质量的要求，实现分布式发电、储能与微电网的并网与协调优化运行，实现高效互动的需求侧管理。

基于智能配电网等技术，可以将电网中有问题的元件从系统中隔离出来并在很少或不用人为干预的情况下使系统迅速恢复到正常运行状态，从而几乎不中断对用户的供电服务。因此，智能电网的自愈能力体现得格外明显。

 新能源与储能系统的接入

由于传统的电网结构不能满足大规模新能源接入的要求，从全国各地纷至沓来的新能源在接入电网的时候陷入了"车多路少、拥堵不畅"的尴尬局面。因此，为保证最大程度消纳新能源的同时，确保电力系统安全运行，需要"快递员"的特色服务。那么大规模新能源转换而来的电能，在电网调度系统的指挥与控制下，是如何经过输、变、配、

智能电网——无处不在的"电力界天网"

用等环节，供给用户的呢？

智能调度的帮忙

新能源发电大多具有间歇性、周期性、波动性等特点，在智能电网调度系统中，基于天气预报应用的间歇式新能源发电功率预测，将及时准确地掐算出间歇式新能源发电情况。基于新能源的时空分布特性以及大型风力发电、光伏发电基地之间的相互关联特性的新能源调度运行控制技术将充分利用电网的储能、蓄能设施，协调配合其他发电能源，平抑风力发电、光伏发电等新能源发电的功率波动，实现电网稳定控制，以及新能源与常规电源的智能协调优化运行。

配用电技术的帮忙

目前，规模大的风能、太阳能等可再生能源资源需要走集中开发、规模外送、中高压接入输电网、大范围消纳的发展道路。小规模的新能源作为分布式能源接入配电网，就地消纳。因此，大规模新能源的分布式接入对传统的配用电系统提出了挑战。

智能电网采用智能化的配用电设备和系统，为新能源的分布式接入提供了保障。这些设备将使得新能源分布式发电具备一定的功率调节能力和对电网的支撑能力，保证新能源分布式接入配网后用户的安全可靠用电，使用户充

分享受人性化的电力服务。

新能源发电入网要求

电网是连接电源和用户的桥梁，负责将各种不同类型的电源发出的电力输送到最终用户。电源必须严格满足电网安全可靠运行的要求，服务大局，根据电网调度的指令实施发电调节与控制。因此，在智能电网这一接纳新能源的高速公路上，虽然新能源一个个秉性各异，对电网的影响也是各不相同，但定位一样，即新能源发电接入电网后必须具备接近常规水火电机组的优良性能，能够支撑电网的安全稳定运行，与电网实现良性互动。

因此，智能电网在发电环节通过完善新能源发电接入电网的技术标准，规范新能源电站必须具备的性能指标。同时，先进的新能源发电核心控制技术，使新能源电站在向电网提供优质电能的同时，具备支撑电网运行的能力，实现与电网的灵活互动。

另外，储能技术作为改善新能源电站输出功率稳定性的有效措施，在电网中增加储能电源，通过合理控制储能电源的运行，将对抑制新能源的功率波动、提高电网接纳新能源能力、降低电网运行风险起到重要作用。

接入方式及要求

为了规范新能源电站必须具备的性能指标，引导新能

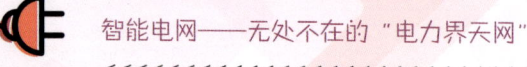

源发电先进技术与先进装备的开发与应用,保证电网的安全与稳定,实现新能源与电网的灵活互动,国家电网制定了相关的新能源发电接入智能电网的技术标准,如《国网公司风电场接入电网技术规定》《国网公司光伏电站接入电网技术规定》等。

第 5 章
贴心的"电力管家"

智能电网——无处不在的"电力界天网"

当你去缴电费时,有没有想过家里的电费里有一部分是瞎子点灯——白费蜡呢?这是因为很多家用电器虽然关闭着,但只要是处于待机状态,设备依然在耗电,比如说网络机顶盒功率为5.98瓦,电视机、洗衣机、挂式空调分别为0.65瓦、0.4瓦和1.2瓦,手机充电器不拔时也处在耗电状态,所以有很多你看不到的"电耗子"在偷电。为了消除这些偷电的"电耗子",你想不想有个贴心的"电力管家"帮你进行科学管理呢?"电力管家"可以帮你完成这么多工作内容,主要是因为它可以实时统计家用电器的用电数据,记录自家的新能源发电量、售电量等信息。承担"电力管家"任务的就是数据采集的最基本测量设备——智能电表,通过智能电表以精确计量来算出电费,可以为人类的生活提供最人性化、最经济的用电及售电方案。

 什么是智能电表

不同于阳光、蒸汽、石油、天然气等能源,电看不见摸不着,那么我们又是如何来度量电能的呢?电能计量经历了人工抄表、自动抄表阶段,正迈入高级计量体系(AMI)新阶段。各国均开展了在AMI/AMR系统的建设

第5章 贴心的"电力管家"

基础上,通过将先进的通信技术引入电子式计量设备中,研发出了能实现能耗监测、具备双向通信等能力的智能电表。

　　智能电表以智能芯片为核心,基于计算机技术、通信技术和测量技术,具有数据采集、数据分析以及管理等功能。以智能电表为基础构建的电力信息网络可以为用户提供详尽的用电信息,向用户推荐经济优化的用电方案;电网公司可以根据用户数据来准确预测电力需求、灵活制定分时电价、设计输配供电方案,能稳定控制和管理电力网络,迅速地检修故障,从而保持电网的稳定性、安全性、经济性。因此,智能电表是用户与电网之间的桥梁,它一方面可以保证人类经济安全地使用电能,另一方面可以根据用户用电的数据来准确预测电力需求,设计供电输电方案,从而保持电网的稳定性、安全性、经济性。

"电力管家"贴心的服务

双向计量

智能电表的双向计量功能鼓励每个家庭都尽量安装风

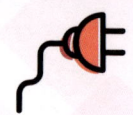

智能电网——无处不在的"电力界天网"

能、太阳能等清洁环保的发电储能设备；鼓励人们投资低碳节约的经济类设备（如储冷、储热和储电），减轻电网电量的压力。实践证明，通过智能电表的双向计量功能，向用户即时反馈用电情况，可以有效减少一个家庭每年13%~15%的用电量，减少3%~15%能源消耗，大幅提高环境效益和社会效益水平。

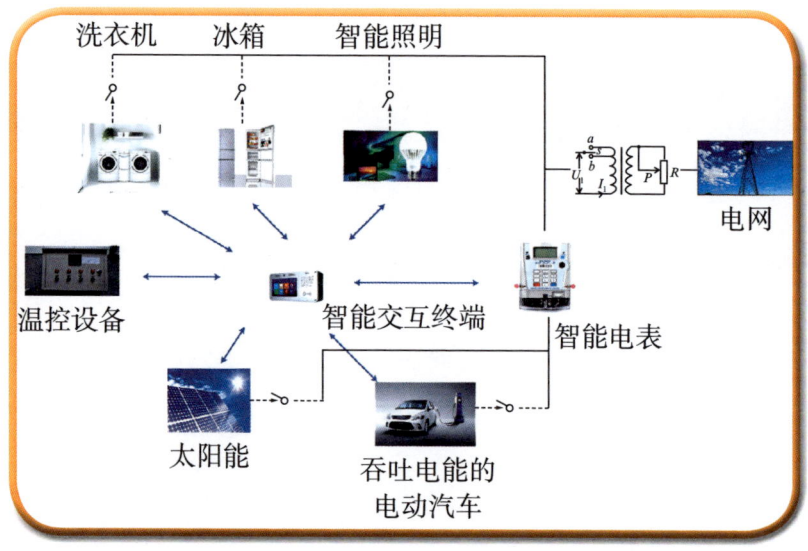

双向通信

智能电表通信模块具有双向通信的功能，通过数据中心与通信网络来实现信息的双向交流。电力网络的管理人员可利用智能电表终端将电价信息和用户的用电信息传达给用户，用户便可以及时了解自身的用电情况，提前获知

实时电价等信息,设计好自己的用电方案,在节约电费的同时减少电网的高峰负荷。另外,为了保证电力系统的安全和稳定,智能电表还可对用户不规范用电行为进行提醒,使其改变用电方式。

支持浮动电价

智能电表是一种可编程电表,随时保存带有时标的电能信息,根据事先设定的时间间隔来对各类电量和电能数据进行储存和测量。电网调度中心利用智能电表提前发布次日的分时电价信息。因此,用户可据此制定自己的用电、售电方案并通过智能电表反馈给电网调度中心,电网调度中心结合智能电表采集到的水、气、热能耗数据以及家庭分布式能源预计售电量,安排好次日的电力调度计划,如发电机组的启停数量及有功出力。

电网调度中心根据用户的用电、售电信息不断更新分时电价信息,从而最大程度地挖掘用户在用电高峰时期的移峰潜力,将部分高峰期的负荷中断或转移到其他时段,实现削峰填谷。

在智能电网与用户的良好互动中,智能电网将经济稳定运行,用户也收获了经济、实惠的电价。

 智能电网——无处不在的"电力界天网"

  小贴士

2008年，美国科罗拉多州的波尔得（Boulder）成为全美第一个智能电网城市，每户家庭都安排了智能电表，人们可以很直观地了解当时的电价，从而把一些事情，比如洗衣服、烫衣服等安排在电价低的时间段。电表还可以帮助人们优先使用风电和太阳能等清洁能源。同时，变电站可以收集到每家每户的用电情况。一旦有问题出现，可以重新配备电力。

第 6 章

大容量"充电宝"

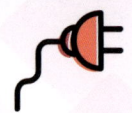 智能电网——无处不在的"电力界天网"

 可望不可得的"电能"

夏天的傍晚,风雨交加之时,一道闪电划过长空,黑暗中的那道光明犹如启迪困境中人们的钥匙:如果能将闪电含有的能量搜集起来该有多好啊!科学家研究表明,闪电中的能量一旦被人类利用,它将极大地改变能源供给现状,然而闪电的瞬时性、不可控性等,给人们研究工作的推进带来了困难。闪电瞬间释放的电压高达百万伏,电流最大可达数万安培,目前人类还无法瞬间消化掉这一能量。

相比于闪电,人类通过各种发电厂制造出的电能则易控制许多,不过这一电能在使用过程中同样也具有瞬时性。早期发电厂生产的电能出现供大于求时(用电低峰期),就会造成浪费;求大于供时(用电高峰期),就会导致电压低,甚至出现停电的情况。为了解决由于供求不匹配造成的能源

第6章 大容量"充电宝"

浪费、能源供给不足等问题,储能就像一个超大容量的"充电宝",在用电低谷时当作用电负荷充满电力,在用电高峰时当作发电电源释放电力,能有效填补电力缺口,最大限度地保障生产生活用电。这个"充电宝"囊括了丰富的储能技术以及能够"吞吐"电能的新能源汽车。是不是很好奇?

 储能技术的形式

如何将过剩的电能通过不同的介质或不同的形式存储起来,调节能量供求在时间和强度上的不匹配问题?目前主要有如图所示这些方式:

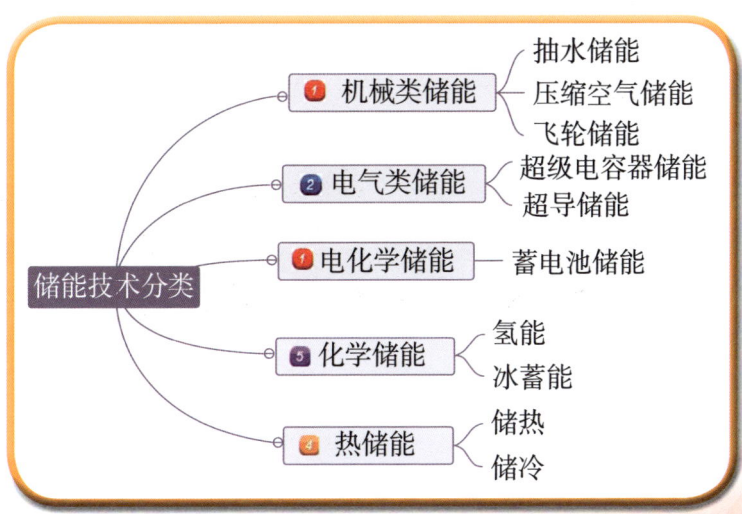

73

智能电网——无处不在的"电力界天网"

机械储能

机械储能技术已广泛应用,应用形式主要为抽水蓄能、压缩空气储能和飞轮储能。

1. 抽水蓄能

以水力势能的形式蓄能。在电网低谷时,将水从低位水库抽到高位水库蓄能;在需要发电的时候,将水力势能转化为电能。因此,在电网峰荷时,将高水库中的水回流到下水库推动水轮机发电机发电。目前该技术已经成熟,无论是蓄能效率还是容量均已非常大。如图为我国最大的抽水蓄能电站——河北丰宁抽水蓄能电站。

2. 压缩空气储能

在用电低谷的时候,用电把空气高压密封在报废的矿井或高压储罐等中;在用户用电高峰的时候,运用这些压

缩的空气推动汽轮机发电。

 小贴士

据外媒2019年2月11日报道,澳大利亚启动一项耗资3000万美元的商业示范项目,利用南部一座废弃的锌矿建立第一个压缩空气储能技术设施。将使用电网中的电力生产压缩空气,然后将压缩空气储存在矿井地下专门建造的空气储存洞中。在充电过程中,压缩空气中的热量被收集并储存起来,然后冷却空气将水从洞穴中排出,直至在表面形成一个蓄水池。在用户用电高峰的时候,运用压缩的空气推动汽轮机发电。

3. 飞轮储能

利用电动机带动飞轮高速旋转,将电能以机械能的形式存起来,在需要用到这部分电能的时候,由飞轮带动发电机发电。

截至2017年,全球已有48座共计944.8兆瓦飞轮储能电站投入运行。

如图为中原油田首台兆瓦级飞轮储能新型能源钻机混合动力系统。

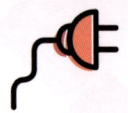

智能电网——无处不在的"电力界天网"

<<<<<<<<<<<<<<<<<<<<<<<<<<<<<<<<<<<<<<<<<<<<<<

电气类储能

电器类储能的应用形式包括超级电容器储能和超导储能。

1. 超级电容器储能

超级电容器储能是在电极/溶液界面通过电子或离子的定向排列造成电荷的对峙而产生电能。对一个电极/溶液体系，会在电子导电的电极和离子导电的电解质溶液界面上形成双电层。如图为超级电容器储能原理图。

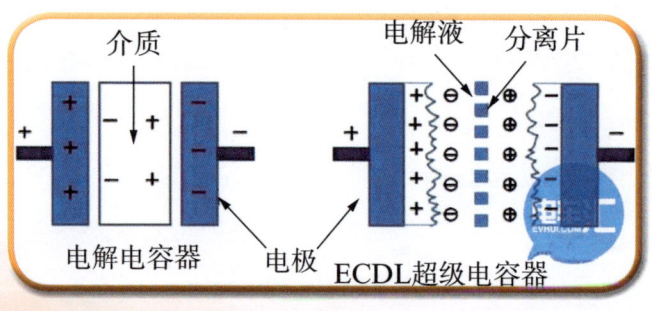

第6章 大容量"充电宝"

2. 超导储能

将一个超导体圆环放在磁场中,先把温度降到圆环材料的临界温度,然后撤掉磁场,由于电磁感应,圆环中就会有感应电流产生,只要温度保持不变电流就会一直存在。如图为超导储能原理图以及超导储能装置。

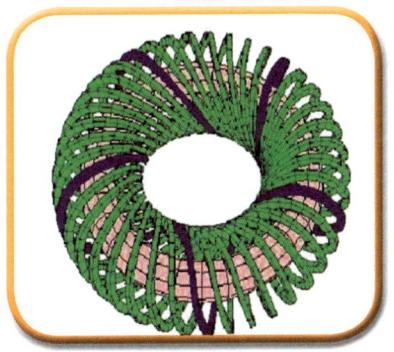

电化学储能

现在常用的电池如图所示,主要有铅酸蓄电池、锂离子电池、液流电池。

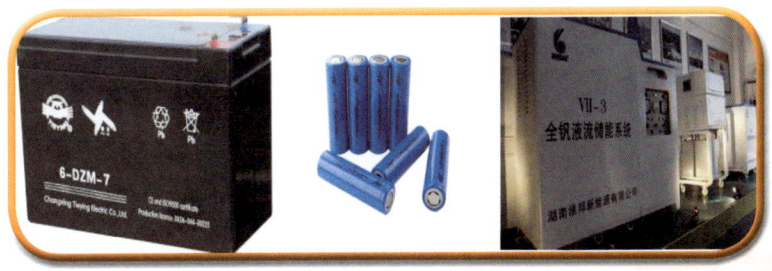

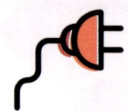

智能电网——无处不在的"电力界天网"

三种电池的特点

类型	铅酸蓄电池	锂离子电池	液流电池
基本原理	二氧化铅作为正电极,铅为负电极,中间介质是水和硫酸,在充放电时发生氧化还原反应,于电池内部形成电流,过程是可逆的	由含锂元素的材料作为正极,碳为负极,依靠锂离子在正负极间的移动来工作,内部于充放电过程中发生氧化还原反应	正负极电解液分开,各自循环,电解质溶液流经电极表面并发生电化学反应,通过电极板传导电流
应用	电动车及新能源发电的储能系统	电动交通工具的储能系统,手机、电脑等电子设备	新能源发电的储能系统,发挥电网调峰、UPS的作用。目前2座在建或规划的化学储能项目中,分别是德国700兆瓦电网级应用以及中国大连200兆瓦液流电池调峰电站
优点	1. 制造技术成熟,可大规模生产 2. 效率可达70%以上 3. 价格便宜	1. 高充电效率和高能量密度 2. 体积小、重量轻、寿命长 3. 可提供短时大输出功率	1. 效率高 2. 容量配置选择灵活,寿命长

江苏南京江北储能电站2019年3月破土动工,最大

第6章 大容量"充电宝"

充放电功率达13.088万千瓦,总存储容量26.86万千瓦时,是国内在建容量最大的电化学储能电站,也是国内首个梯次利用的电网侧储能电站。如图为江苏南京江北储能电站效果图。

 小贴士

梯次利用是指将新能源汽车等淘汰下来的"退役电池"返厂维修,达到可利用标准后,进行循环使用的方法。这种方法有助于大幅度提升储能电池的经济性,具有良好的应用前景。

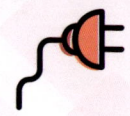

智能电网——无处不在的"电力界天网"

热储能

冷和热都是能量的一种形式,热能储存技术是一种能量的寄存形式,包含着"冷"与"热"的两种能量储存形式。

热能量储存技术TES(thermal energy storage)是利用峰谷电力对一些廉价的、但储热值高的媒体介质加热,然后,再在高峰电力时刻利用已被加热后的高储热值进行放热工作。

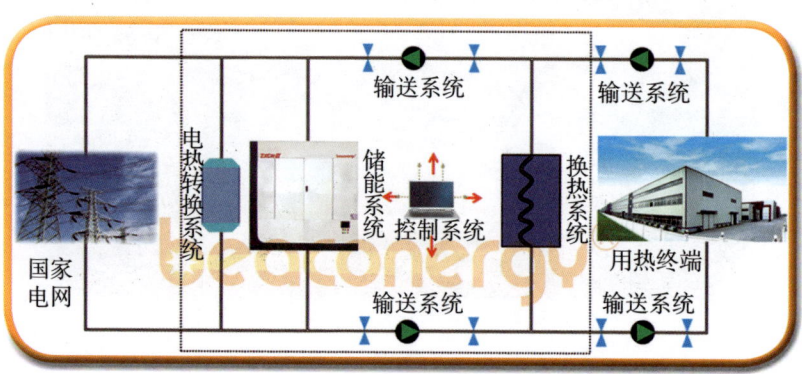

冷能储存技术(cool thermal energy storage)是利用峰谷电力,通过制冷效应对一些热容量大的物质(例如水、冷水盘管和其他具有在相变温度时可以吸收或释放大量热量的材质)制冷,使其温度尽量降低(甚至结冰),以产生并储存足够的冷量。

小贴士

截至 2017 年年底，全球已投运蓄热/蓄冷储能装机规模 2785.3 兆瓦，全球蓄热储能电站主要参与可再生能源并网，占比达到 92%。中国目前已投运 3 座共计 11.7 兆瓦熔融盐储热项目。

化学储能

1. 氢能

在电网负荷处于低谷状态下，利用新能源发电形成电解水进行制氢，进而有效提升新能源发电利用效率。氢储能技术还在进一步研究探索中，其利用效率和制氢速率还无法满足商业需求。

全球已有 13 座共计 20.5 兆瓦氢储能示范电站，主要分布在德国、意大利、英国、挪威等。

2. 相变储能之冰蓄冷

冰是一种十分有效的冷量储存媒介（即热容量相当大）。以冰作为制冷系统的储能媒介，在其吸热或制冷产生相变时（即冰吸热溶为水，或水冷冻结成冰——相变时的热容量）吸入/放出的热（冷）量值是一般制冷系统使用冷水机组效果的 8 倍左右。

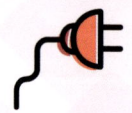
智能电网——无处不在的"电力界天网"

在美国加利福尼亚的 Pasadena，已建成 2 座采用冰蓄冷技术的建筑——中心图书馆和市政大厦。由于使用的是夜间的峰谷电力，综合累计起来，每年可节省大约 25 万美元。

"吞吐电能"的新能源汽车

新能源汽车（电动汽车，简称 EV）。从环境角度，电动汽车的尾气主要由氢气和水汽组成，基本可以实现"零污染"要求；从能源角度，电力获取途径广泛，燃料来源灵活。另外，由于新能源汽车都装配了大容量的电池，从电力系统的角度，新能源汽车不仅可以看作负荷，还可以看作分布式储能装置——即"吞吐"电能的新能源汽车。

新能源汽车可以与智能电网互通，在用电高峰时，智能电网可以从数十甚至数百台电动汽车获取电能。因此，"吞吐"电能的新能源汽车开发提高了既有电网利用率，增加了容纳能力，最大限度地降低了充电负荷对电网的负面影响。而对用户来说，当电力价格低时，可用来存储电能，而当价格升高时，可再卖回给电网，从而由售电方和用户双向约束、优化、完善绿色电力灵活交易市场规则。

第6章　大容量"充电宝"

 **小贴士**

纯电动汽车（BEV）：使用可充电电池储能，并利用直流或交流电动机提供动力，电池组必须通过接入电网的电动车充电装置进行充电。BEV完全依靠电网充电才能运行，因此，不受控的大量BEV充放电将会给配电网造成严重影响。

混合动力汽车（HEV）：是指混合使用传统内燃机和电动机为汽车提供动力的电动汽车。HEV可以不依靠电网而自主运行，因此这类车不会对电网产生太大影响。

插电式电动汽车（PEV）是一种可以存储和使用电网电能的汽车。由于PEV具有减少燃油消耗、减少温室气体和污染排放、降低燃料成本等优点，使得人多数汽车制造商都开始PEV的研究和开发项目，部分制造商已经实现了量产。

电动汽车和智能电网的交互方式主要包括能量交互和信息交互。

能量交互是电动汽车作为移动式分布储能单元，与电网实现双向能量流动（根据电网或者电动汽车的需要）。一种是电网给电动汽车充电（Grid to Vehicle, G2V）模式，电网通过充电端口给电动汽车提供电能。G2V是给电动汽车电池充电的传统模式；另一种是电动汽车为电网提供能量（Vehicle to Grid，V2G）模式。V2G类似于分布式能源

智能电网——无处不在的"电力界天网"

和常规电源，为电网运行人员提供了更为灵活的调度方式。

信息交互是电动汽车、用户、电网之间建立信息交互，交互的信息包括车辆能量状态、电网负荷状态、计费信息等。

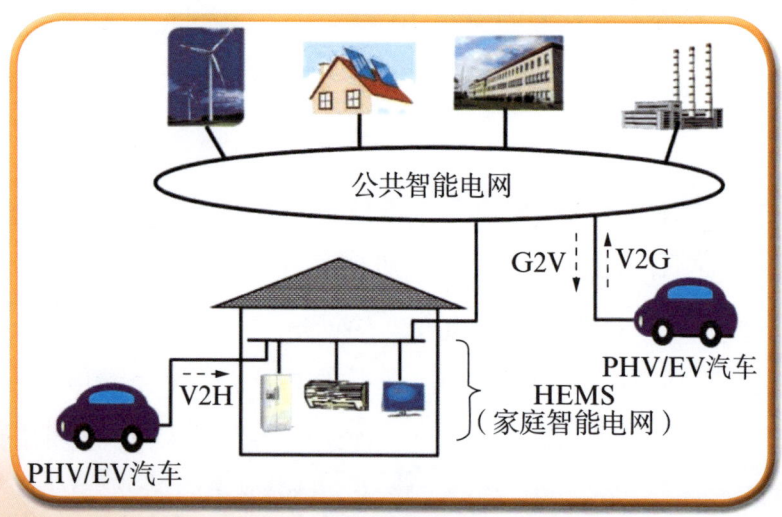

小贴士

Vehicle to Home（V2H），汽车入户，在电动汽车、住宅和电力网之间交换电力。

根据中国汽车工程学会的预测，到2030年，我国的电动汽车保有量将达到8000万辆。若平均配置60千瓦·时电池，8000万辆电动汽车等效储能容量将达到48亿千瓦·时。"吞吐电能"的新能源汽车的应用将更好地提高电网利用率。

第 7 章
安全可靠的电力通信"互联网"

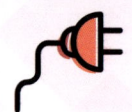

智能电网——无处不在的"电力界天网"

安全可靠的电力通信"互联网"是通过智能电网信息通信技术（ICT）来实现电网中实时信息和电能交换。智能电网信息与通信技术作为智能电网通信网络建设的基础，为电网安全、稳定、经济、优质和高效运行提供全方位技术支撑，是实现"智能"的基础，贯穿电网的发电、输电、变电、配电、用电、调度六大应用环节，同时为绿色节能环保、资源最优化配置、防震减灾等方面提供坚强的技术支持。

通信技术

我国的电力系统通信几乎涵盖了所有的通信方式，目前最主要的通信方式包括：光纤通信、移动通信、卫星通信等。

小贴士

光纤通信技术是指通过光波在光纤路中的传播而实现通信功能的技术。

卫星通信技术是指利用人造地球卫星作为中继站来转发无线电波，从而实现两个或多个地球站之间的通信。

第 7 章　安全可靠的电力通信 "互联网"

其中，无线通信技术在智能电网建设中具有明显优势，利用无线通信技术的设备能够实现远途视讯、远程遥控、GPS 定位、射频等功能。无线移动通信技术主要应用于智能电网中以下几个环节：

电网视频监控

在配网中有大量的检测终端、变压器监测设备，并需要向调度中心传送各种信息，如遥测、遥控、主要设备状态和报警信息等。随着视频监控技术的发展，越来越多的变电站和机房采用无人值守的方式。

线路巡检

高压架空输电线路是电力系统的重要组成部分，其传输距离长，沿线地理环境复杂。目前国内主要采用人工检测故障的方法对线路进行维护，巡线人员工作强度很大，故障检测困难。

随着电子芯片和机器人技术的飞速发展，借助移动通信技术（掌上电脑、条码扫描技术、RFID 射频识别技术等），巡检人员可利用掌上电脑、手机、PC 机以文字、图片、视频的方式将现场情况实时发送到巡检中心，保证了现场数据的准确性、完整性，提高了工作效率，使巡检维护规范化，提高了维护和管理水平。

智能电网——无处不在的"电力界天网"

负荷管理

采用无线通信方式,以视频对电网进行全面监测,可以使信息高度共享、多部门联动、增强协调能力、加速信息流转、实现远程监控与操作,准确及时地进行负荷管理和人员调度,降低人力成本,提高响应速度。

目前,第五代移动通信技术(5G)作为新一代移动通信系统,具有超高传输速率、超大容量带宽、海量连接数等特点,其超低时延(1毫秒)、海量接入的特性可以保证电网中信息流的双向高速传输以及大规模用户和大量业务的安全高效运行。

第7章　安全可靠的电力通信"互联网"

 通信标准与协议

关于电力系统的实时状态、趋势、历史信息和应用等的准确信息对智能电网的运行是必需的，信息的获取是通过通信来完成的，通过具有描述功能的、标准化的通信接口，信息不仅可以被简单利用，还可以实现所需功能的高效跨域应用。所以，通信标准和协议在全世界范围内智能电网的发展中扮演重要角色。

通俗地来说，通信协议就是指双方完成通信或服务而要必须遵守的规则和约定。通过通信信道和设备互连起来的多个不同地理位置的数据通信系统，要使其能协同工作实现信息交换和资源共享，它们之间必须具有共同的语言。交流什么，怎样交流及何时交流，都必须遵守某种互相都能接受的规则，这个规则就是通信协议。

通过提供一套数据表达和传输的共同规则，信息可以实现电网中不同部件之间的信息交换。在智能电网中的通信协议包括 IEC 62439、IEEE 1588、NTP 和被广泛应用的 Ethernet、IP 和 TCP/UDP 等。

下为智能电网通信技术示意图。

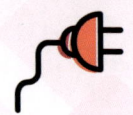 智能电网——无处不在的"电力界天网"

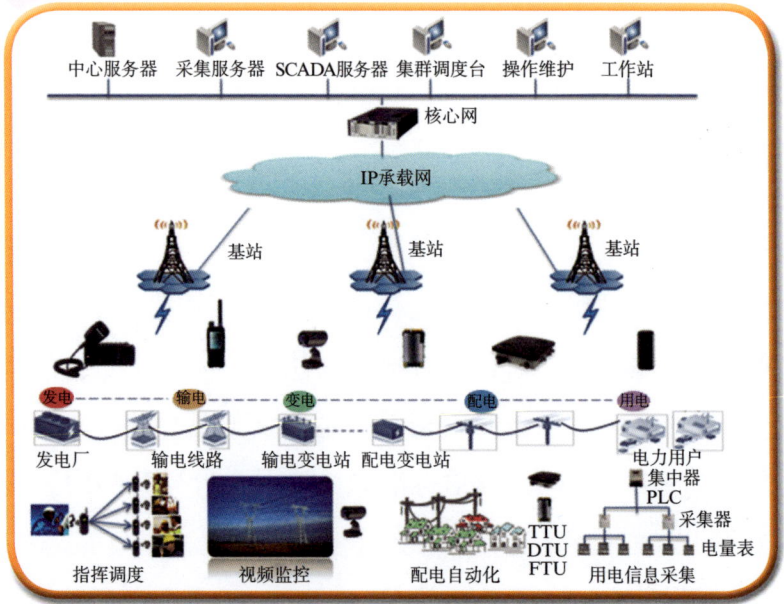

目前,智能电网通信领域的发展趋势是建立自愈高效、适应性广的电力通信网,骨干传输网采用大容量、高速实时的电力专用智能化光传输系统;配用电环节综合采用公众通信网、无线等网络传输手段。

第 8 章

精明能干的"物业管理员"

智能电网——无处不在的"电力界天网"

电网在满足用户用电功能的同时，还需要考虑减少电量消耗和电力需求，达到节约资源和保护环境的目的，因此，智能电网拥有一个精明能干的"物业管理员"——电力需求侧管理。

什么是电力需求侧管理

在经历了20世纪70年代出现的两次石油能源危机后，面对化石能源的日益枯竭以及生产消费导致的环境污染问题，西方国家把合理有效地利用能源资源放在首要地位，并着手研究更合适的资源配置方法和管理模式。在此背景下，20世纪70年代，美国在全国节能法案中正式提出"需求侧管理"理念。

在电力行业中，需求侧是指电力的用户侧，包括工业、商业、居民、公共机构等。电力需求侧管理是指在政府法规和政策的支持下，采取有效的激励和引导措施以及适宜的运作方式，通过发电公司、电网公司、能源服务公司、社会中介组织、产品供应商、电力用户等共同协力，提高终端用电效率和改变用电方式，在满足同样用电功能的同时，减少电量消耗和电力需求，达到节约资源和保护

第8章 精明能干的"物业管理员"

环境的目的，实现最佳社会效益、各方受益、最低成本能源服务所进行的管理活动。

 电力需求侧管理的效果

电力需求侧管理主要通过采取合适措施来对电力和电量进行供需平衡调节，表现为：一方面采取措施降低电网峰荷时段的电力需求，或增加电网低谷时段的电力需求，

 智能电网——无处不在的"电力界天网"

以较少的新增装机容量达到系统的电力供需平衡;另一方面,采取措施节省或增加电力系统的发电量,在满足同样能源服务的同时,节约社会总资源的耗费。

从经济学的角度看,电力需求侧管理的目标就是将有限的电力资源最有效地加以利用,使社会效益最大化。

 **小贴士**

电力需求侧响应典型案例

案例一

2008年2月26日,由于超出预期的严寒天气,以及大容量风电(1.4吉瓦)脱网,同时其他发电机组也无法满发,导致德克萨斯电网承受的用电缺口急剧上升(高达4.4吉瓦)。由于系统侧发电容量存在巨大缺口,美国德州电力可靠性委员会(ERCOT)转而求助于该州内部署的需求侧响应系统(又称为需求侧可调度复合系统),以帮助电力系统消除供用电间的缺口。这些负荷中包括一些大容量的工业用户和商业用户,他们之前已经签署过协议,同意在电网紧急状态下可以通过削减其负荷来维持电网运行,而电网需要为这种贡献支付费用。调度这些负荷的成本远远低于调度那些峰荷发电机组(常为燃气机组)的成本,后者可能比前者高一个数量级以上。需求侧响应系统在10分钟时间内调度了1.1吉瓦的负荷,帮助电力系统避免了大停电的发生。绝大多数被停电的负荷在一个半小时内都恢复了供电。

案例二

2004年,美国太平洋西北国家实验室(PNNL)与邦纳维尔电力局合作启动了奥林匹克半岛电网智能化模范项目,为超过100户居民安装了先进的智能电表,可通过这些智能电表向用户发布实时信息;并将这些户居民家中的恒温装置、热水器和干燥器等电气改造成可对电网实时信息做出响应。该示范项目中开发的软件可以使用户能够对其家用电器进行定制,可以选择更加舒适还是更加经济,分为若干等级,并可基于每5分钟发布一次的动态电价信息自动对家用电器的用电等级进行优化。这一需求侧响应示范项目平均为每户居民节约了10%的电费。同样也为电力企业带来了效益,因为它有助于消除供电高峰期的输电组塞,从而避免修建额外的输电线路。项目成功地帮助邦纳维尔电力局至少将修建额外输电项目的投资推迟了3年。

 电力需求侧管理与大数据

需求侧管理需要电力供应机构精确得知用户的用电规律,从而将需求和供应调节至更好的平衡状态。因此,用户作为智能化用电的行为主体,在智能电网需求响应中起着至关重要的作用。通过智能电表以及连接它们的通信系

智能电网——无处不在的"电力界天网"

统组成的先进计量系统，对电网用户侧实时数据进行采集、传输和存储，并结合累积的海量多源历史数据进行快速分析，能够有效地改善需求侧管理，支撑智能电网安全、坚强及可靠运行。

随着各类传感器和智能设备数量的不断增加，设备中进行获取与传输的各类数据也在发生着指数级的增长，这些数据不仅包括智能电表收集的用电量，还包括各类传感器按照固定频率采集的温度、天气、湿度、地理信息和风速信息等。因此，随着用户侧数据复杂程度增大，数据存储规模将从目前的 GB 级增长到 TB 级，甚至 PB 级，逐步构成了用户侧大数据。

需求侧大数据系统的建立为用户电力负荷的预测分析提供了有力的基础支撑。准确的负荷预测可以保证电网运

行的经济、安全、稳定性，减少不必要的发电机旋转备用容量，合理安排机组检修计划；同时也是制定新建、扩建电厂，制定发电计划、合理安排电网内部发电机启停等的重要依据。

 电力需求侧管理的主要内容及调节手段

电力需求侧管理的主要内容

1. 提高能效

通过一系列措施鼓励用户使用高效用电设备替代低效用电设备，以及改变用电习惯，在获得同样用电效果的情况下减少电力需求和电量消耗。

2. 负荷管理

负荷管理又可称为负荷整形。通过技术和经济措施激励用户调整其负荷曲线形状，有效地降低电力峰荷需求或增加电力低谷需求，提高电力系统的供电负荷率，从而提高供电企业的生产效益和供电可靠性。

3. 能源替代及余能回收

在成本效益分析的基础上，如果用户的设备采用其他的能源形式比使用电能效益更好，则更换或新购使用其他

能源形式的设备,这样减少使用的电力和电能也是需求侧管理的重要内容。

4. 分布式电源

用户出于可靠、经济和因地制宜考虑,装有各种自备电源,如电池储能逆变不间断电源(UPS)、柴油发电机、太阳能发电系统、风力发电、联合循环发电、自备热电站等。将用户自备电源直接或间接纳入电力系统进行统一调度,也可达到减少系统的电力和电量的目的。

5. 新用电服务项目

主要是指电力公司为提高能源利用效率而开展的一些宣传、咨询活动,如能源审计、节电咨询、宣传、教育等。根据不同地区的特点,需求侧管理的工作重点不同。在新建电厂造价昂贵、峰期供电紧张、负荷峰谷差较大的地区,通常把调节峰荷时段电力置于首要地位;而在发电燃料比较昂贵、环境约束比较苛刻的地区,则更重视总体电量的节约。

电力需求侧管理的调节手段

1. 技术手段

技术手段主要通过采用先进的节电技术和管理技术,并应用与之相适应的高效节能设备,来提高终端用电效率或改变用电负荷特性,从而减少电能消耗。主要

第8章 精明能干的"物业管理员"

分为两类：一类是直接采用节能技术和高效设备来降低电量消耗；另一类是通过负荷管理等方式改变用户的用电方式，间接达到削峰填谷、稳定电网、节约电力的效果。

 小贴士

削峰填谷是将电网高峰负荷的用电需求推移到低谷负荷时段，同时起到削峰和填谷的双重作用。通过削峰填谷既可减少新增装机容量、充分利用闲置容量，又可平稳系统负荷、降低发电煤耗。

2. 经济手段

通过各种电价、直接经济激励和需求侧竞价等措施刺激和鼓励用户改变消费行为和用电方式，安装并使用高效设备，减少电量消耗和电力需求的有效手段。

3. 行政手段

政府及其有关职能部门，通过法律、标准、政策、制度等规范电力消费和市场行为，推动节能增效、避免浪费、保护环境的管理活动。

4. 引导手段

一种是利用各种媒介把信息传递给用户，如电视、广

智能电网——无处不在的"电力界天网"

播、报刊等;另一种是与用户直接接触,提供各种能源服务,如培训、研讨和讲座等。

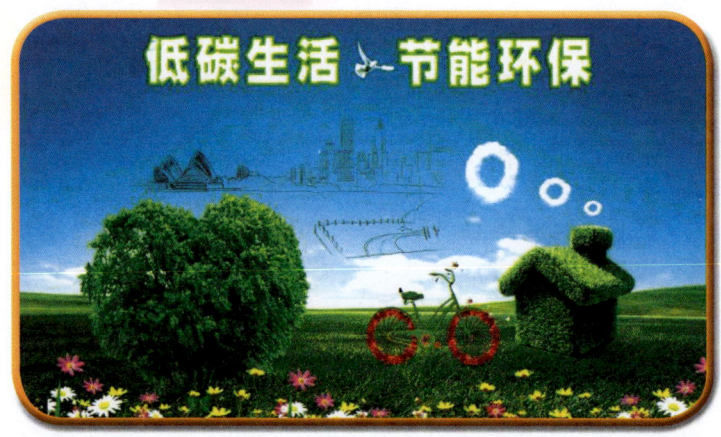

第 9 章
隐身的"虚拟"电厂

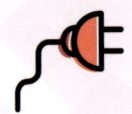

智能电网——无处不在的"电力界天网"

为什么建"虚拟"电厂

建筑是城市的重要组成元素,随着城市建设进程的加快,建筑也越来越多,随之带来建筑能耗总量的逐年上升,在能源总消费量中所占比例的不断上升。现在人类的生活用电和工业用电都是来自电网,人们生活的小区、校园和办公楼的耗电量远少于工业工厂。那么这些耗电量可以直接利用建筑楼顶的太阳能或风能等分布式能源来提供吗?当然可以啊!这个整合了各种分布式能源(如分布式电源、可控负荷和储能装置等),并可以为用户提供电力,专为小区、校园和办公楼提供电力的、独立的、隐形的小型电厂即为"虚拟"电厂。

建筑"虚拟"电厂一方面可以利用建筑的条件,结合新能源技术产生电能;另一方面可以作为一种需求侧响应方式,在用电需求侧安装提高用电能效的装置,减少终端用电需求,达到与发电相同的效果,促进建筑能耗的降低。

第9章 隐身的"虚拟"电厂

 什么是"虚拟"电厂

以一座大厦为例，在冬夏两季用电高峰期，"虚拟"电厂控制系统只需对大厦各楼层中央空调的预设温度、风机转速、送风量等参数进行一定的柔性调节，就能够通过减负为电网释放出超过100千瓦电能。如果同时管控几百座这样的大厦，就可以释放几万千瓦的电能，对于整个电网来说，这就相当于是新建了一个发电厂。

随着清洁能源和新兴技术的发展，"虚拟"电厂将成为智能电网和全球能源互联网建设中重要的能源聚合形式，具有广阔的发展空间。

"虚拟"电厂主要由发电系统、储能设备、通信系统构成。

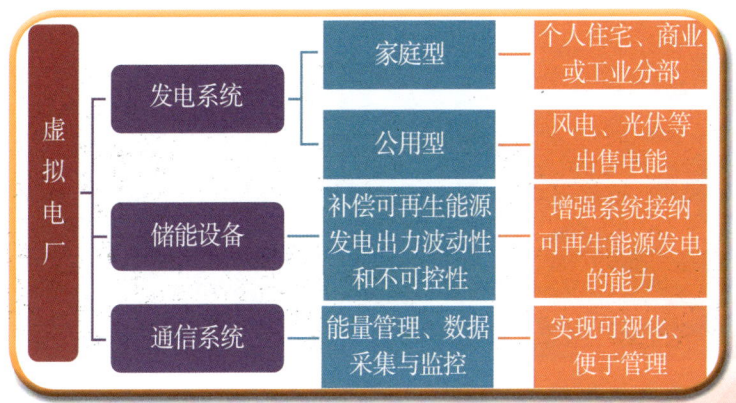

智能电网——无处不在的"电力界天网"

"虚拟"电厂的建设可大大提高传统能源的利用效率、降低电网运行成本。"虚拟"电厂在运行过程中,要求电力企业实现"以用户为中心",开放能源生产消费的每一个环节,让消费者能够消费全网电能,同时有权自主选择所消费的电力来源,因此"虚拟"电厂在提高能源电力系统效率的同时,在一定程度上也降低了电力生产和销售成本。

目前,为推进低碳奥运专区,在张家口市建立了可再生能源示范区,实现风电、光伏等新能源高比例消纳,采用"虚拟"电厂技术将解决可再生能源规模化的开发利用问题。如图为张家口市可再生能源示范区。

第9章 隐身的"虚拟"电厂

 "虚拟"电厂与微电网的关系 ……

微电网是相对传统大电网的一个概念，它是一个由分布式电源、储能装置、能量转换装置、相关负荷和监控、保护装置汇集而成的小型发配电系统，是一个能够实现自我控制、保护和管理的自治系统，既可以与外部电网并网运行，也可以孤立运行。

智能电网——无处不在的"电力界天网"

虚拟电厂与微电网的关系

类别	相似点	关注点	目的	交易方式
虚拟电厂	分布式电源、可控负载以及能量储备的集合	各种不同的电源，更加关注经济的效益	交易电能或者提供系统支持服务	直接在批发市场中交易分布式电源
微电网		更加关注技术和整个网络运行的平衡	减少对输电和高压配电设备的需求	与大电网政策性地交换电能

第 10 章
智能电网的美好未来

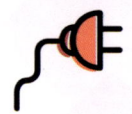

智能电网——无处不在的"电力界天网"

<<<<<<<<<<<<<<<<<<<<<<<<<<<<<<<<<<<<<<<<<<<<

 人与"物"的互动对话 ················

什么是物联网

物联网（Internet of Things）是一个基于互联网、传统电信网等信息承载体，让所有能够被独立寻址的普通物理对象实现互联互通的网络。简单来说，就是将所有物品通过信息传感设备连接到互联网，进行信息交换，即物物相息，以实现智能化识别和管理。这些信息传感设备包括射频识别（RFID）、无线传感器、全球定位系统、激光扫描器等智能装置。

物联网在生活中的应用场景

场景一：家人的酒杯将会温馨提醒"喝酒有害你的健康"

如果医生早已建议你的家人少喝酒。但他们还是习惯性地拿出酒瓶和酒杯，酒瓶将会启动瓶塞控制机制，让他们打不开瓶塞。此外，酒瓶也会呈现颜色变化，同时出现一行你提前设置的黑色警示文字："喝酒有害你的健康！"是不是可以有效提醒你的家人"小酌怡情，大酌伤身"？

场景二：你的"床"变身贴心"健康监测小管家"

第10章　智能电网的美好未来

未来，你的"床"也将不再仅仅是用来睡眠，它将可以在你熬夜时，提醒你早点休息；根据你的睡眠情况，收集你身体的每一个数据，通过云端强大的处理功能，得出你的身体状况，并通过短信或者电子邮件提醒你注意调养身体，甚至提前帮你预约相关科室的医生；同时还将非常详细地记录你体重变化，如在你变重后，床上自带的闹钟提醒："你该减肥了！"这样，你的"床"将真正成为你最贴心、暖心的互动小伙伴，时刻监测你的健康。

在上面的场景中，酒杯和床能"开口说话"，目前看来很不可思议，但是利用RFID技术完全能够做到的。其实质就是利用RFID标签中存储着规范而具有互用性的信息，通过计算机互联网实现物品（商品）的自动识别和信息的互联与共享，物品（商品）能够彼此进行"交流"，而无需人的干预。因此，可以利用RFID、无线数据通信等技术，构造一个覆盖世界上万事万物的"Internet of Things"。

 小贴士

射频识别（Radio Frequency Identification，RFID）：应用于我们的公交卡、门禁卡、二代身份证等。

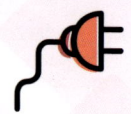
智能电网——无处不在的"电力界天网"

> 无线传感器：大量的传感器节点按照一定的密度布放在待测区域内，对温度、湿度、声音、磁场、红外线等各种信息进行采集，然后由传感器自身构建的网络，通过网关、互联网、卫星等信道，传回信息中心。例如：学校等公共场所有毒有害气体的监测；电子樟脑丸，具有温度和湿度传感器的无线传感器网络设备，虽然不能代替樟脑丸的防蛀、防霉作用，但是可以检测到衣橱中的温度湿度不合适衣物保存时，可通过手机短信或电话留言等方式，通知主人作适当处理。
>
> 全球定位系统（Global Positioning System，GPS）：卫星无线电定位、导航与报时系统。

物联网作为智能电网的重要支撑技术，可以为智能电网带来多方面价值，可全方位提高智能电网各个环节的信息感知深度和广度，提升电力系统分析、预警、自愈及防范灾害的能力，提升电网安全运行水平，实现"电力流、信息流、业务流"的高度融合，以及电力从生产到消费各环节的精细化管理，达到节能降耗、经济高效的目的。

物联网渗入智能电网的各个环节中，被用于信息采集、状态监测、回馈控制等，全方位提高了智能电网各环节的信息感知深度和广度。因此，你就可以想象到这样的画面：

当你出门时，智能居家系统自动开启为"离家模式"，很放心吧？当你回到家时，系统自动开启为"居家模式"，

忙碌一天，只想坐在沙发上休息时，窗帘会自动拉上，吊灯、热水器、饮水机等自动打开……

物联网与智能电网的应用示范

1. 山东烟台长岛"分布式发电及微电网接入控制"工程

山东烟台长岛"分布式发电及微电网接入控制"工程是我国北方第一个岛屿微电网工程，也是继南方浙江舟山以外全国第二个岛屿微电网工程，被授予"国家物联网重大应用示范工程"称号。

该工程基于物联网关键技术，在岛内安装了各类传感器2229只，建设了16千伏光伏发电系统、0.1万千瓦柴油发电系统、0.15万千瓦·时混合储能系统等多种类型的分布式电源。

2. 博耳"电管家"：开拓电力设备智能化运维托管"云时代"

传统的电力设备维保存在人力成本高、无法对出现问题作出快速反应、对企业耗能情况不清楚等问题，针对上述问题，博耳电力控股有限公司研发"电管家"系统。该系统在企业重点能源节点部署传感器和监控软件，实现关键数据快速采集，设备故障即时报警，诊断处理精准到位，运维人员足不出户即可完成"数字巡检"。依托后台系统挖掘数据、自动建模和智能分析，"电管家"智能生成电力设

智能电网——无处不在的"电力界天网"

备"体检病历",提交能耗研判,帮助企业节能增效。该系统功能丰富,通用性强,已在全国31个城市广泛应用。

智慧能源"便利"生活

什么是智慧能源

智慧能源是指拥有自组织、自检查、自平衡、自优化等人类大脑功能,满足系统、安全、清洁和经济要求的能源形式。智慧能源将先进信息和通信技术、智能控制和优化技术与现代能源供应、储运、消费技术深度融合,通过多目标优化方法,最大限度地提高能源的利用率、清洁能源的利用率及清洁能源的开发与消费比例。

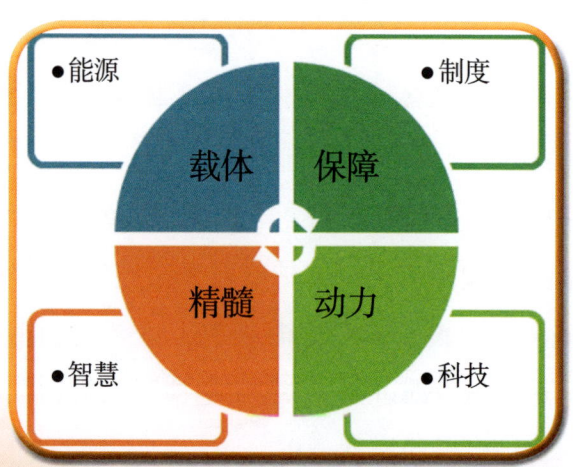

第10章　智能电网的美好未来

智能电网与智慧能源

电力是我国能源发展战略布局的重要组成部分。智能电网的功能不再是单一的输配电物理载体功能，而将逐步扩展为促进能源资源化优质配置、引导能源生产和消费布局、保障电力安全稳定运行及电力市场运营等多项功能。智能电网将成为未来我国智慧能源中的资源配置中心，是实现能源互联、能源综合利用的纽带和核心。

智慧能源便利生活的应用场景

想象一下，当你无意中拖欠电费时，你家的门上不会再被贴上一张催缴单，而是收到一条微信或电子邮件提醒："亲，你忘记缴电费了哦，请于×日×时前通过某某方式充电，让自己电力十足哦！"

当你想把自家屋顶多余的光伏发电量通过微信卖给附近准备给电动汽车停车充电的陌生人时，所需的操作是只需在平板电脑上手指轻划。

当你想要根据电价合理规划用电时，可以根据每一个家用电器的使用需求以及能耗曲线，设置最佳的开关时间并随时远程遥控。

在未来，你们家的电动汽车、家用电器、屋顶光伏、电脑手机等耗电、耗能设备将全部连接成网，其能源消耗、

智能电网——无处不在的"电力界天网"

碳排放指标和生活用能需求等都将以数据、数字化坐标的形式被提取存入互联网,人们未来生活中的每一秒用能需求都以数据的形式被存储起来。通过对此大数据的优化分析,在满足你们用能需求的同时,实现对全球能源进行资源整合、优化分配和调控,提高全球能源利用效率和资源配置水平。

同样,对于工业园区或者企业单位来说,建筑物的能耗可以随时依据人们的活动类型、参与人数和实时电价进行动态调整控制;对于城市来说,城市的整体能源消耗和二氧化碳排放将随时依据天气和事件变化进行需求侧编排以实现最优;对于国家来说,沙漠和大海里安装的各种新能源发电设备将可以通过程序由各国竞拍投资自由交易。

综上所述,智慧能源是多能源网络的耦合,未来能源互联网中的能源供应与输配网络,不仅要考虑电力网络的运行控制,还需要考虑其他能源网络的优化协同。而智能电网将为各类型能量单元提供具有高度兼容性的并网接口,发挥其在智慧能源中的资源配置中心和基础支撑平台作用。

第10章　智能电网的美好未来

小贴士

能源互联网服务以电力为核心载体，智能电网提供主要基础平台，从而可以最大限度地满足消费者的需求。未来，承载电力流的坚强智能电网与承载数据流的泛在电力物联网，相辅相成、融合发展，形成强大的价值创造平台，共同构成能源流、业务流、数据流"三流合一"的能源互联网。

智能电网与智慧能源的应用示范

1. 上海智慧能源站

上海智城应用上海世博会的11项新能源技术，如系统能效技术、太阳能发电及集热技术、燃气三联供技术、地源热泵技术、智慧能源控制系统等，通过系统能效体系的优化，配合建筑节能技术，园区35%的用电以清洁的分布式发电方式供应，可实现70%以上的建筑综合节能目标、80%以上的二氧化碳减排，以及20%以上的可再生能源利用率。

2. 上海世博园最佳实践区能源中心

被称为"世博会城市最佳实践区心脏"的地下能源中心工程的建成为世博会城市最佳实践区及周边展馆提供了充足的能源保障。

3. 蓝深远望工业物联网能源监控系统

江苏蓝深远望科技股份有限公司自主研发具有智能感

智能电网——无处不在的"电力界天网"

知、智能调度和智能管理功能的"蓝深远望工业物联网能源监控系统"。该系统融合物联网、大数据、智能动力调度技术、能源消耗评估诊断技术，为工业企业提供能源消耗检测报告和节能建议，构建起"监测+控制"的闭环管控体系，在时间和数据两个维度实现工业节能，开启工业节能新空间。蓝深远望系统在三星SDI无锡工厂投入应用，每年可为企业降低能耗18%，远高于一般节能系统降耗8%~9%的水平。

4. 博鳌乐城智能电网与低碳智慧能源综合示范区

项目引进智能变电站、智能家居等国际领先的智能技术，建设集照明、移动网络、监控和电动汽车充电等功能于一体的智能电网系统，同时整合多种可再生能源，建设低碳环保的能源系统。预计2020年初步建成区域智能电网与低碳智慧能源示范基地，2025年将全面建成乐城智能电网与低碳智慧能源项目。

"智慧化"城市

什么是智慧城市

智慧城市就是运用信息和通信技术手段感测、分析、

第10章 智能电网的美好未来

整合城市运行核心系统的各项关键信息,从而对包括民生、环保、公共安全、城市服务、工商业活动在内的各种需求做出智能响应。其实质是利用先进的信息技术,实现城市智慧式管理和运行,进而为城市中的人创造更美好的生活,促进城市的和谐、可持续成长。

智能电网与智慧城市

能源和信息是智慧城市发展的关键因素,在智慧城市发展中,智能电网通过广泛覆盖的基础设施和对信息网络全面感知进行数据传送和整合应用,为政府、企业提供智慧化、智能化的服务,同时保障城市基础能源——电能的供应,逐渐形成以"能源为基础资源,保障城市智能化发展;信息为基本因素,推动城市智能化进程"的发展模式。

智能电网是未来智慧城市的"大动脉",智能电网结合最新通信信息技术将为城市提供便捷高效智能化的服务。智慧城市的实现和运转离不开电网,智能电网是智慧城市的重要基础和客观需要,智能电网的应用将促进清洁能源的开发利用,优化能源结构,推动相关领域创新,为城市提供更优质的服务,实现绿色低碳生活、推动智慧城市建设加速发展。智慧城市和智能电网建设相互促进,共同发展。智慧城市的发展为智能电网建设营造良好的外部

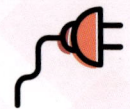
智能电网——无处不在的"电力界天网"

环境。

智能电网与智慧城市的应用示范

智慧能源小镇建设是国网天津市电力公司智慧能源体系建设的重要组成部分，也是泛在电力物联网在天津落地应用的样板工程。国网天津电力选取中新天津生态城（惠风溪）小镇和北辰产城融合区（大张庄）小镇为示范区域，分别致力于打造"生态宜居型"和"产城集约型"智慧能源小镇，到2020年9月，两个小镇将全面建成。

1. 中新天津生态城（惠风溪）智慧能源小镇建设

中新天津生态城（惠风溪）智慧能源小镇是国家首批一类试点，主动配电网可以智能检测电网健康程度，发现异常能够准确上报并指挥抢修。配网带电作业机器人替代人工作业，使电网运行更安全、更智能、更高效。净零能耗建筑利用最先进的建筑及能源技术，实现所需能源100%自产目标。新型智能电能表和家庭能量路由器，通过APP软件一键操作，实施监控并调节家中用电情况，让居民享受到智能家电管控带来的便利。电动汽车无线充电和"一拖多"充电系统提供多种便捷充电模式，电动汽车与电网互动系统能够引导电动汽车有序高效充放电。建设综合能源服务广场，居民可以体验到智慧灯杆、光伏座椅和多种绿色能源公共设施带来的便捷。在这里，能源利用更智能，

出行更低碳,体验更便捷,电网状态被全息感知,人们的生活方式将会发生翻天覆地的变化。

2. 北辰产城融合区(大张庄)智慧能源小镇建设

天津北辰产城融合区(大张庄)智慧能源小镇建设的柔性交直流混合配电网,使光伏、储能、电动汽车与电网可靠互联,满足产城融合区高品质用电需求。以柔性多状态开关等设备为能源路由,以空天地协同一体化的通信网络为信息路由,能源流、业务流、数据流实现了"三流合一",建成后可以接入风、光、气、地热等多种能源形式,服务用户320户以上,实现互动电力服务容量达60兆瓦。

(因寻找未果,请本书中相关图片的著作权人见此信息与我们联系,电话021-66613542)

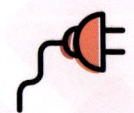 智能电网——无处不在的"电力界天网"

参考文献

【1】许晓慧.智能电网导论[M].北京：中国电力出版社出版，2009.

【2】刘振亚.智能电网知识读本[M].北京：中国电力出版社出版，2016.

【3】物联网传感器组建智能电网三个层面构成分析[J].金卡工程，2015，(12)：57-58.

【4】关钟瑾.浅谈新形势下智能配电网自愈技术与其评价体系[J].城市建设理论究，2013，(24)：1-5.

【5】葛宝生.智能电网中的用户隐私保护[D].中国科学院大学，2014.

【6】许培德.基于智能电网发展的必要性及性能要求的探讨[N].淮海工学院学报（人文社会科学版），2012，10（5）：40-42.

【7】高翔.智能配电网自愈控制的理论与技术研究[D].北京：华北电力大学；华北电力大学（北京），2011.

【8】刘振亚.智能电网知识读本[M].北京：中国电力出版社，2016.

【9】刘振亚.智能电网技术[M].北京：中国电力出版社，2010.

【10】唐桃波，夏云非，鲁文，杜万森.美国近年的停电事故及对我国电力系统安全稳定运行的启示[J].电力建设，2003，24（11）：2-4.

【11】朱成章.美国加州电力危机和美加大停电对世界电力的影响[J].中国电力，2003，36（11）：1-6.

【12】http://www.chinapower.com.cn/smartgrid/20161116/65811.html.

【13】巫飞新.国内外智能电网技术发展现状[J].电气开关，2012，50（2）：3-6.

【14】周孝信，陈树勇，鲁宗相，等.能源转型中我国新一代电力系统的技术特征[N].中国电机工程学报，2018，38（7）：1893-1904.

【15】杨琼，范李平.基于智能电网的建设现状及其发展方向综述[J].电气开关，2012，50（6）：1-4，7.

【16】范少伟，刘胜文.智能电网的发展现状与共性技术研究[J].广西电业，2013，（11）：96-99.

【17】赵嘉兴.山西智慧城市的智能电网示范工程建设体系研究与效益分析[D].华北电力大学（北京），2014.

【18】张东霞，姚良忠，马文媛.中外智能电网发展战略[J].中国电机工程学报，2013，（31）：1-14.

【19】刘翠玲，张小东.分布式能源：中国能源可持续发展

的有效途径[J].科技情报开发与经济,2009,19(21):125-128.

【20】首批光热发电示范项目启动:中国光热加速升温[J].现代商业银行,2016(24):15.

【21】发展分布式能源推进节能减排[N].中国环境报,2014-03-27(008).

【22】郜晓娜.分布式电源的接入对低频振荡影响的研究[D].贵州大学,2010.

【23】陈柳钦.我国分布式能源发展探讨[N].中国能源报,2013-10-28(022).

【24】戴春林.测绘新技术在土地规划与管理中的应用[J].城市建设理论研究(电子版),2016,6(8):330-331.

【25】孙伟.基于多种接线模式的中压配电网规划[D].华东理工大学,2018.

【26】王思彤,周晖,袁瑞铭,等.智能电表的概念及应用[J].电网技术,2010,34(4):17-23.

【27】谢军,王婷婷.关于智能电表在电网中应用的探讨[J].城市建设理论研究(电子版),2013,(36).

【28】王书强.制药机械维修备件管理相关问题研究[J].电子制作,2014,(9):267-268.

【29】林清明.智能电网分时电价的定价与优化[D].上海交通大学,2015.

【30】钟鸣,赖威敏.国内外需求侧响应的研究与实践现状

[J].贵州电力技术,2016,19(10):21-24.

[31]伏晓.石墨烯基复合材料的制备、表征及应用[D].南京邮电大学,2015.

[32]孔玉明,王志清,Wang Menghao.储能技术的发展现状与展望[J].吉林水利,2018,(10):57-59.

[33]吴雪翚,曾馨洁,胡馨月.新能源发电中电化学储能技术的发展与应用分析[J].中国设备工程,2018,(21):201-203.

[34]代倩.多能源复合型电动汽车充换储放电站的能量管理技术研究[D].华中科技大学,2014.

[35]陈军.3G移动通信技术在智能电网中的应用[J].高科技与产业化,2009,(12):84-86.

[36]沈欢欢,苏宜强,李扬.3G移动通信技术在智能电网中的应用[C].中国高等学校电力系统及其自动化专业第二十五届学术年会论文集.东南大学,2009:1-4.

[37]杨先友.浅谈通信协议在计算机网络中的应用[J].数字通信世界,2016,(1):72-72,113.

[38]徐颢霖,王建国,钟伟.基于DSM引导电动车有序充电模式分析[C].2011年中国电机工程学会年会论文集.鄂州供电公司,2011:1-5.

[39]王德文,孙志伟.电力用户侧大数据分析与并行负荷预测[N].中国电机工程学报,2015,35(3):527-537.

[40]周靖.市场环境下需求侧管理规划系统研究[D].东

南大学，2005.

【41】赵建保.需求侧管理实施效果评价方法及应用研究［D］.华北电力大学（北京），2009.

【42】魏向向，杨德昌，叶斌.能源互联网中虚拟电厂的运行模式及启示［J］.电力建设，2016，37（4）：1-9.

【43】葛文科.浅析物联网在钢铁行业中的应用［J］.电脑迷，2018，（3）：124.

【44】何玺.智能电网建设将加速物联网商用普及.新浪博客，2012.

【45】石菲.小微创新引爆能源互联网［J］.中国信息化，2015，（5）：54-56.

【46】南方电网公司与法国电力集团签署博鳌乐城智能电网与低碳智慧能源综合示范区项目合作声明.南方电网报，2018.

【47】上海阜华信息技术有限公司.一种多功能智慧通信铁塔：中国，CN201720207180.X［P］.2017-11-14.

后 记

发展智能电网是推动能源变革和第三次工业革命的必由之路！2016年，国家发改委、国家能源局正式发布《电力发展"十三五"规划》（2016—2020年），提出升级改造配电网，推进智能电网建设等重要任务。依靠现代信息、通信和控制技术，积极发展智能电网，适应未来可持续发展的要求，也已成为国际电力工业积极应对未来挑战的共同选择。

智能电网的发展融合了许多相关领域的最新技术，本书图文并茂、深入浅出地介绍了这些技术在智能电网中的应用，能为少年读者开拓视野、激发"科创"兴趣。

参与本书编写的成员有：俞光灿、潘登宇、杨镇阁、谢伟、王朝龙、胡慧忠、钱凡悦、张丽婷、刘尧、牛亚琳、曹雨晨、李龙、赵祥珑、宁宁、武天骄、谢晗、吴茂玮、张然，在此一并表示衷心感谢！

在本书的编写过程中，我们还参考了同行们的相关研究成果，为此，表示对他们的敬意和感谢。由于受学术水平的限制，书中的疏漏在所难免，望各位读者批评和指正。

2019年5月